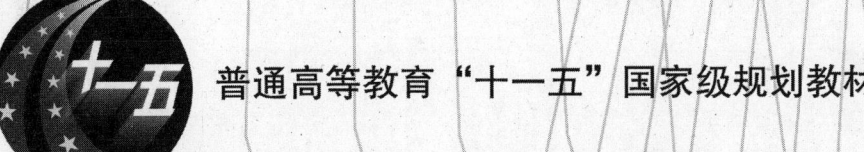

普通高等教育"十一五"国家级规划教材

现代
工程图学习题集

XIANDAI
GONGCHENGTUXUE XITIJI

朱泗芳 周良德 杨世平 主编

湖南科学技术出版社
Hunan Science & Technology Press

图书在版编目（CIP）数据

现代工程图学习题集 / 朱泗芳，周良德，杨世平主编.
3版.—长沙：湖南科学技术出版社，2008.8
普通高等教育"十一五"国家级规划教材
ISBN 978-7-5357-4900-0

Ⅰ.现… Ⅱ.①朱…②周…③杨… Ⅲ.工程制图—高等学校—习题 Ⅳ.TB23-44

中国版本图书馆CIP数据核字（2008）第132617号

现代工程图学习题集

主　　编：	朱泗芳　周良德　杨世平
责任编辑：	徐　为
出版发行：	湖南科学技术出版社
社　　址：	长沙市湘雅路276号
	http://www.hnstp.com
印　　刷：	长沙市宏发印刷有限公司
	（印装质量问题请直接与本厂联系）
厂　　址：	长沙市开福区大星村
邮　　编：	410013
出版日期：	201 年 月第3版第 次
开　　本：	787mm×1092mm　1/8
印　　张：	13.5
书　　号：	ISBN 978-7-5357-4900-0
定　　价：	21.80元

（版权所有·翻印必究）

第 二 版 前 言

本习题集是在第一版的基础上,根据教育部最新制定的"制图课程教学基本要求"及最新颁布的国家标准修订而成,与由周良德、朱泗芳等编著的普通高等教育"十一五"国家级规划教材《现代工程图学》(第二版)配套使用。

本习题集的编排顺序基本上与配套教材相同。习题集加强了基本理论、基本知识和基本技能的训练。各章习题以培养学生的绘图、读图能力为目的,由浅入深,逐步提高。各章习题均有一定余量,可供任课教师根据各专业特点、教学时数以及教学方法的不同酌情选用。

参加本习题集编写工作的有中南大学朱泗芳(第1章、第7章、第9章、第10章、第18章、第20章、第21章),湘潭大学周良德(第4章、第8章、第14章、第15章、第16章、第17章),董承明(第11章、第12章),朱中喜(第3章、第5章),衡阳南华大学谢海波(第2章、第6章、第13章、第19章),由朱泗芳、周良德、谢海波主编。

由于水平有限,书中缺点和错误在所难免,恳请广大读者批评指正。

编者
2008年5月于长沙

目 录

第 1 章 制图的基本训练 …………………………………… (1)

第 2 章 投影与视图 ………………………………………… (6)

第 3 章 点、线、面的投影 ………………………………… (10)

第 4 章 直线与平面、平面与平面的相对位置 …………… (16)

第 5 章 立体的投影 ………………………………………… (19)

第 6 章 平面、直线与立体相交 …………………………… (22)

第 7 章 两立体表面相交 …………………………………… (27)

第 8 章 组合体 ……………………………………………… (31)

第 9 章 机件的表达方法 …………………………………… (41)

第 10 章 标准件与常用件 …………………………………… (57)

第 11 章 零件图 ……………………………………………… (62)

第 12 章 装配图 ……………………………………………… (68)

第 13 章 零部件测绘 ………………………………………… (77)

第 14 章 曲线曲面 …………………………………………… (78)

第 15 章 图解法 ……………………………………………… (81)

第 16 章 形数结合法 ………………………………………… (87)

第 17 章 构形设计 …………………………………………… (90)

第 18 章 展开图、焊接图 …………………………………… (94)

第 19 章 房屋建筑图 ………………………………………… (97)

第 20 章 透视投影 …………………………………………… (98)

第 21 章 计算机绘图 ………………………………………… (100)

第1章 制图的基本训练

班级_____ 学号_____ 姓名_____

1-1 字体练习。

ABCDEFGHIJKLMNO
PQRSTUVWXYZ

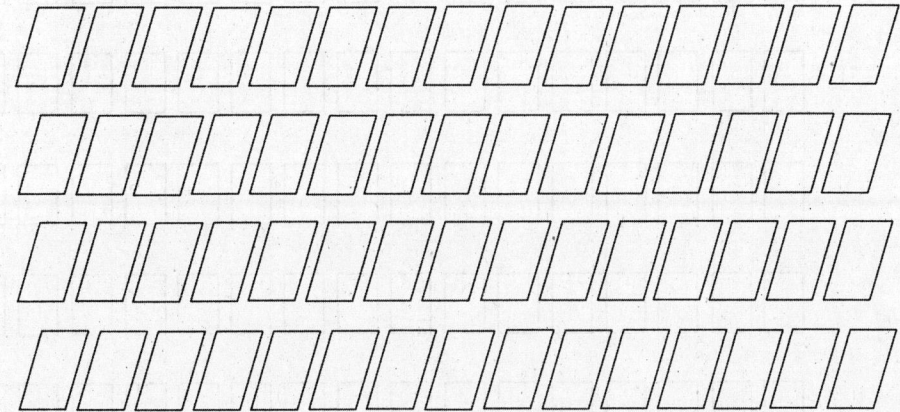

abcdefghijklmnopq
rstuvwxyz

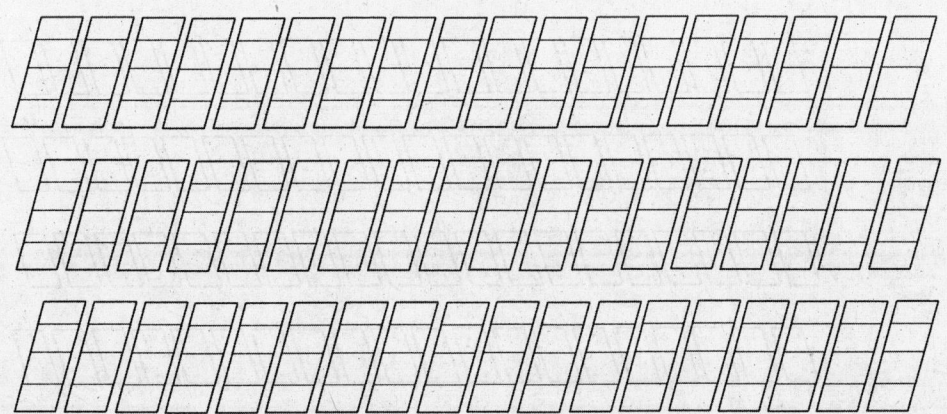

αβγδεζηθϑικλμν
ξοπρστυφχψω

I II III IV V VI VII VIII IX X

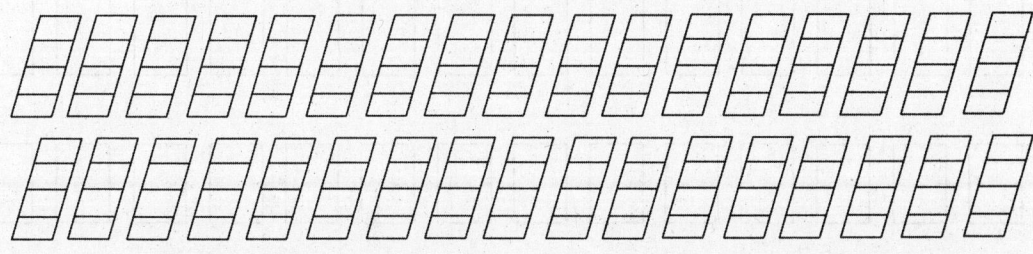

0123456789

排列整齐字体端正笔画清楚间隔均匀

横平竖直注意起落结构匀称填满方格

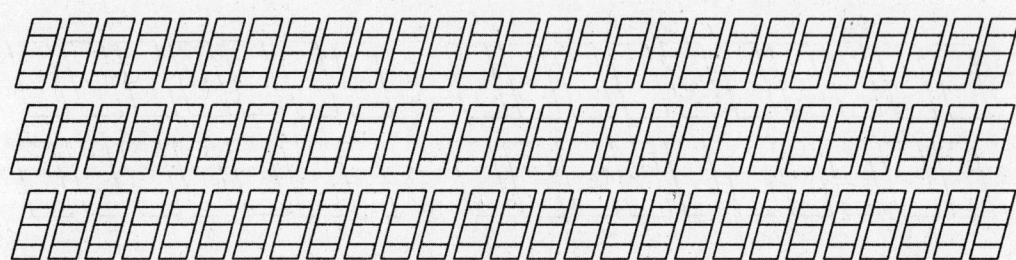

1-2 图线练习。

1. 在指定位置抄画下列图线和图形。

2. 用 A4 图纸按 1∶1 抄画下面图例（要求线型、标题栏符合国家标准）。

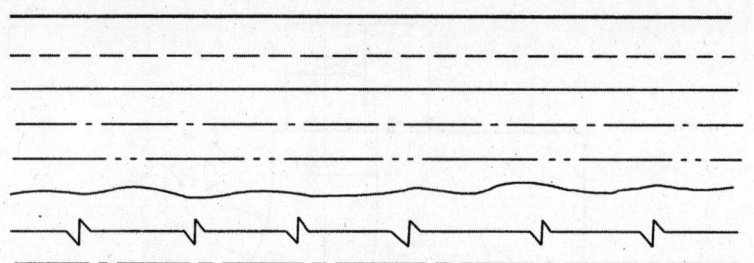

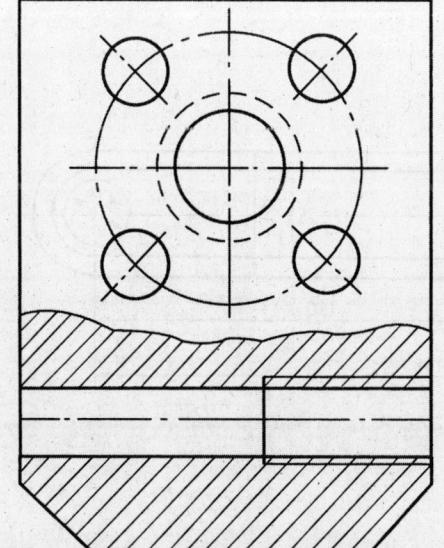

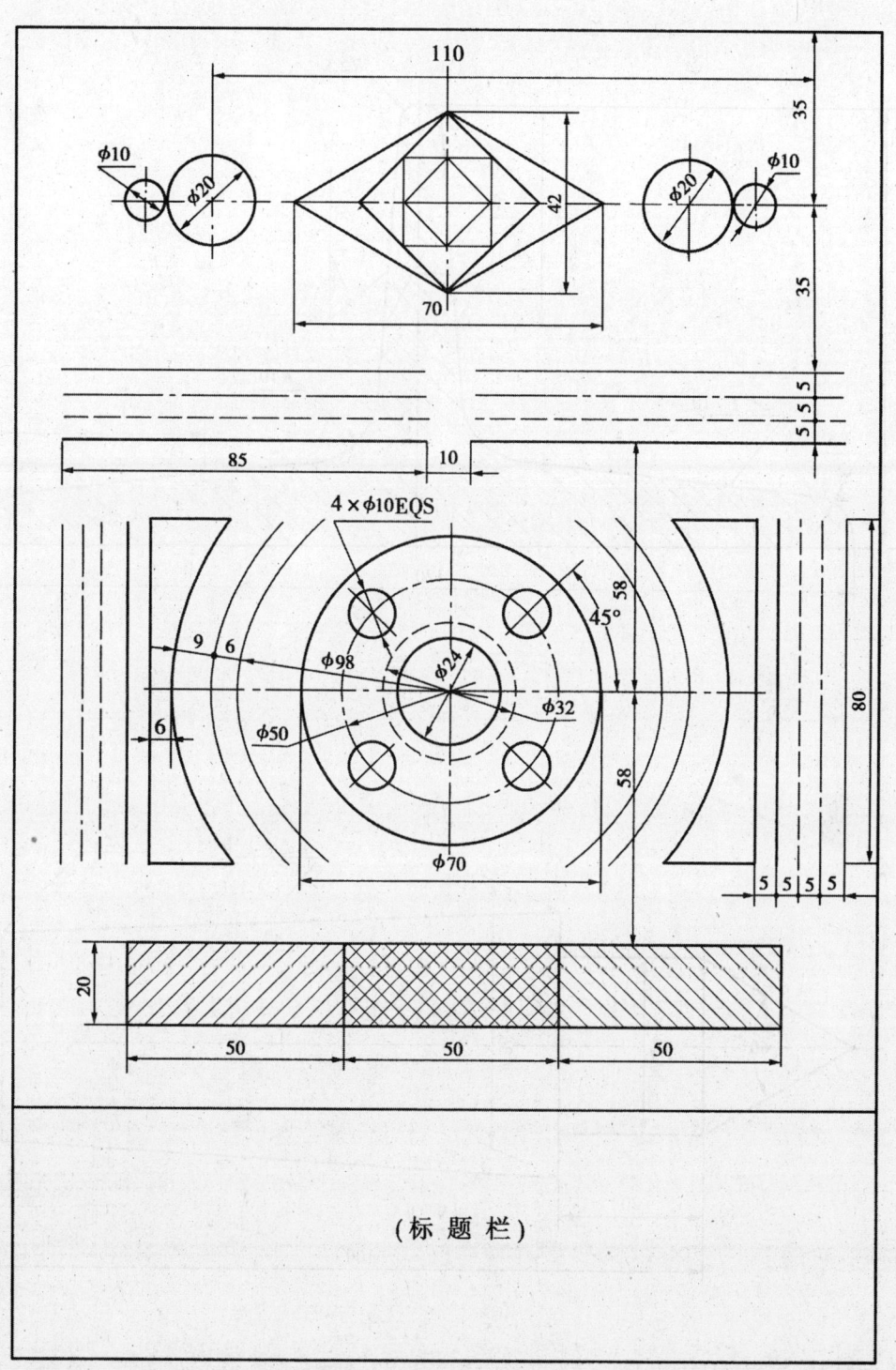

1-3 几何作图。

用 A4 图纸按 1∶1 抄画下列图形，并标注尺寸。

1.

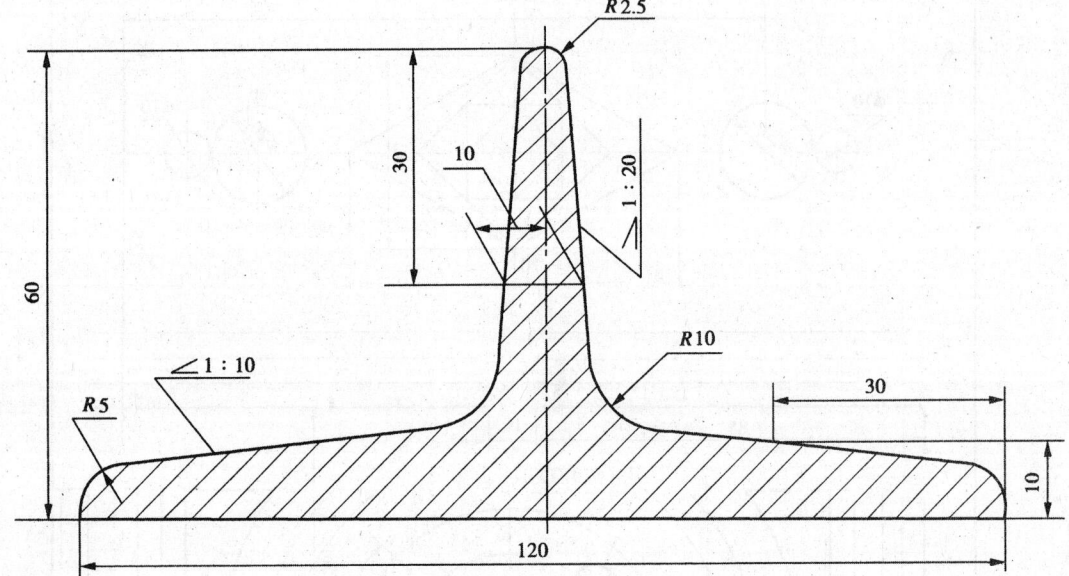

2.

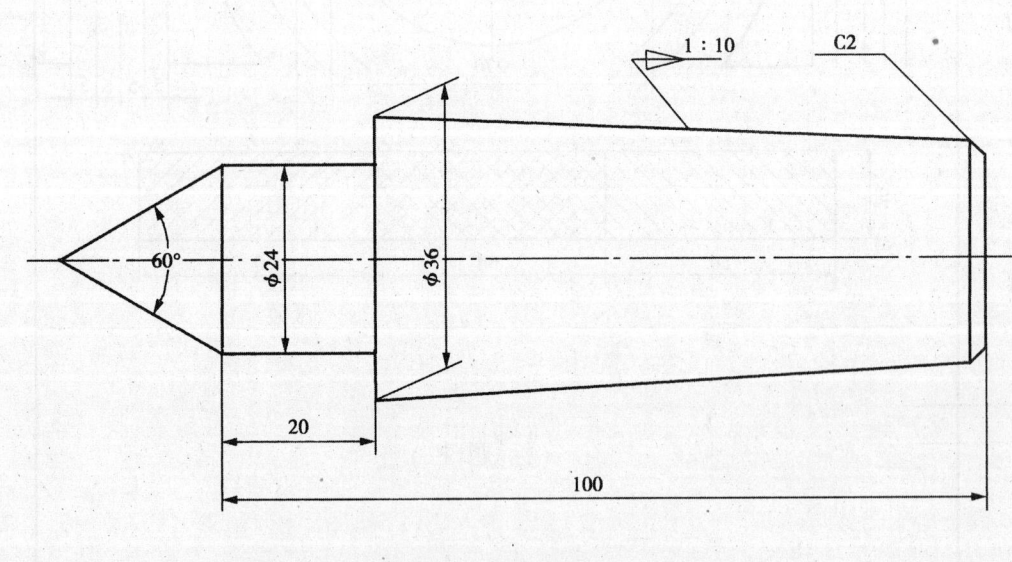

用 A4 图纸按 1∶1 作圆弧连接，并标注尺寸。

1.

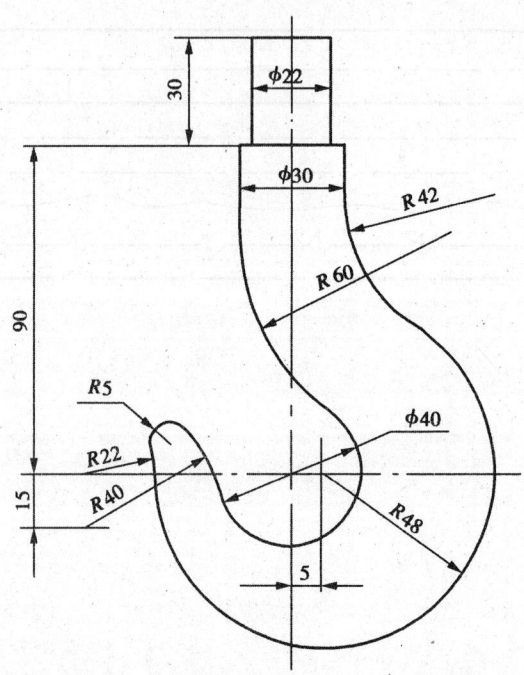

2.

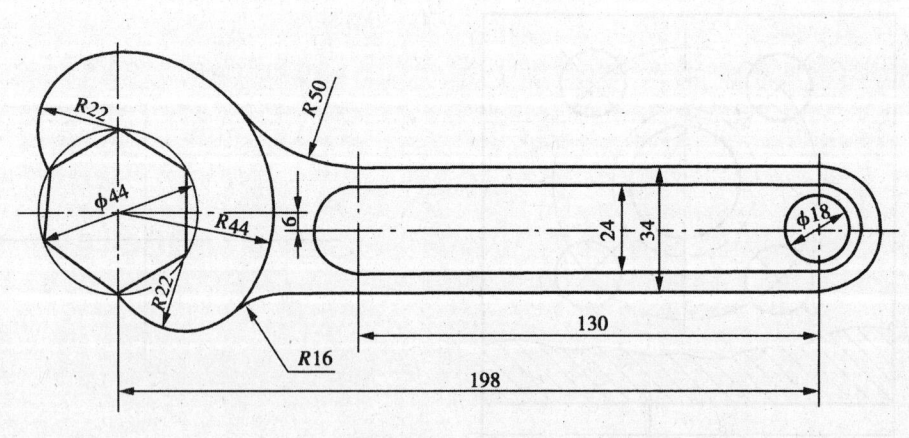

1-4 用四心圆法画椭圆（已知椭圆长、短轴分别为70mm、45mm）。

1-5 用同心圆法画椭圆（已知椭圆长、短轴分别为70mm、45mm）。

1-6 草图练习。

在坐标纸上徒手绘制下列平面图形。

1.

2.

2-1 根据立体图画三视图。

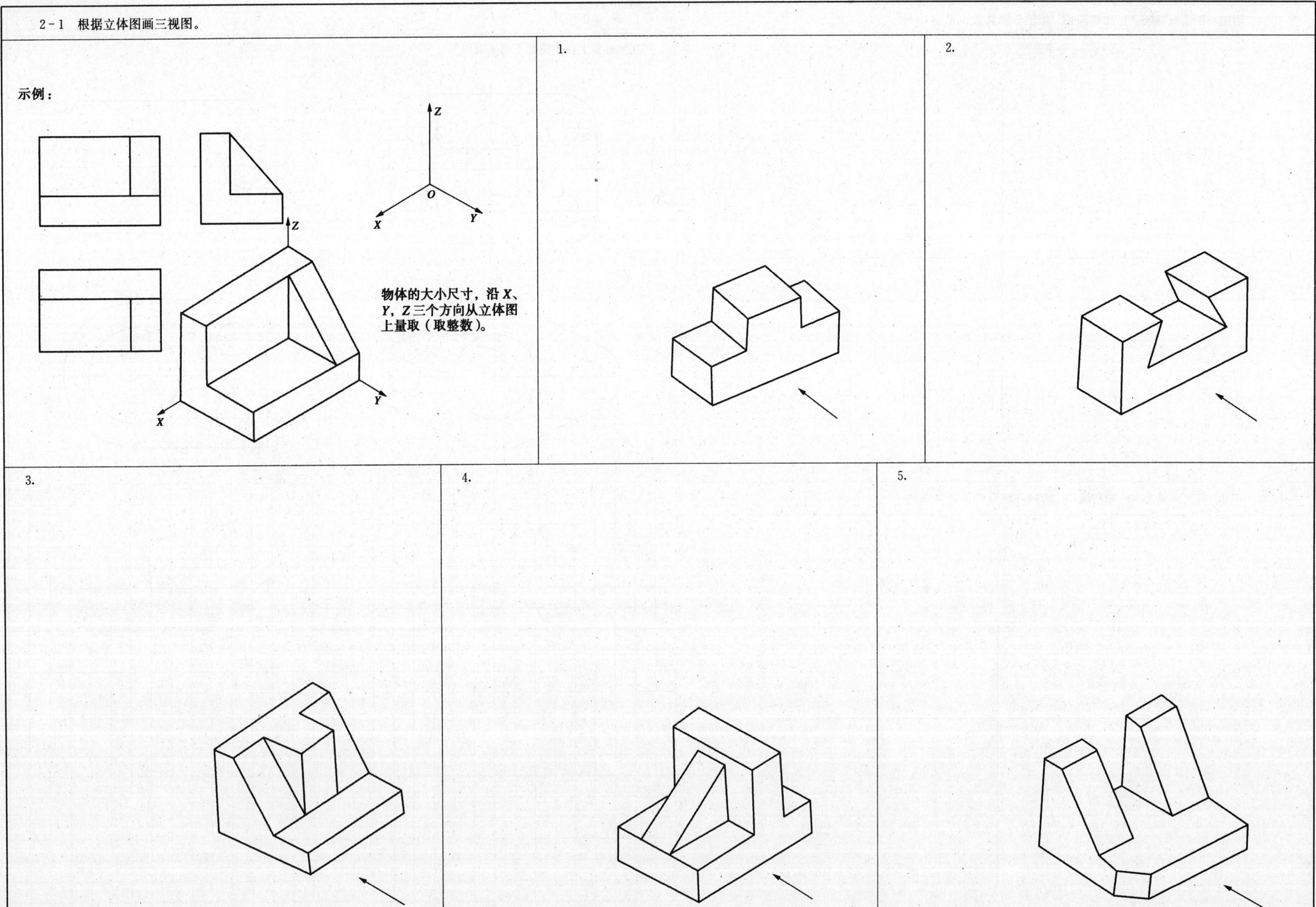

2-2 根据物体的立体图辨认其相应的三视图，并在括号内填写出立体图的编号。

2-3 参照立体图，补齐三视图中所缺的图线。

1.

2.

3.

4.

5.

6.

8

2-4 根据物体的立体图，徒手绘制出它们的三视图（选择若干个，画在坐标格子上）。

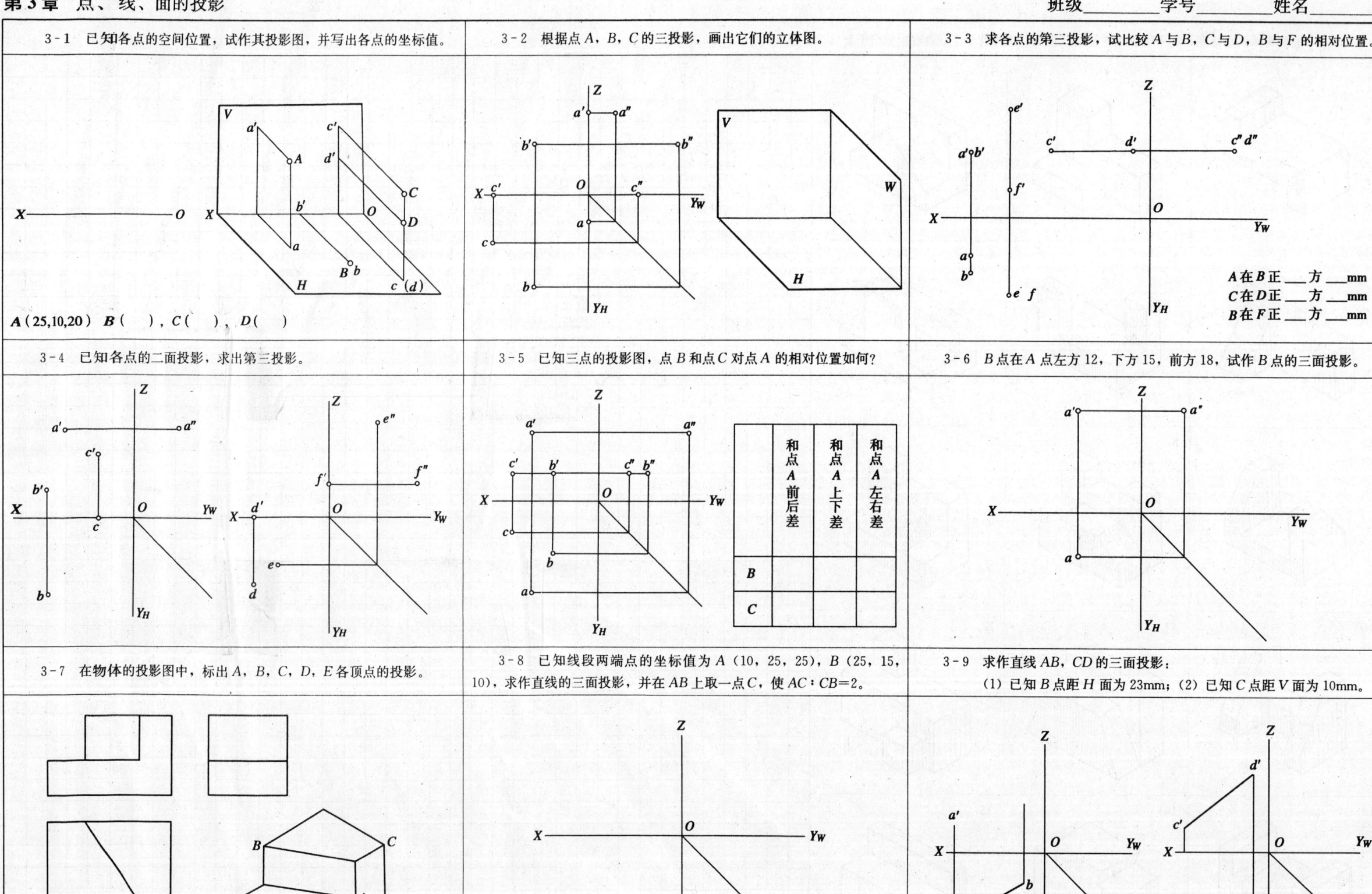

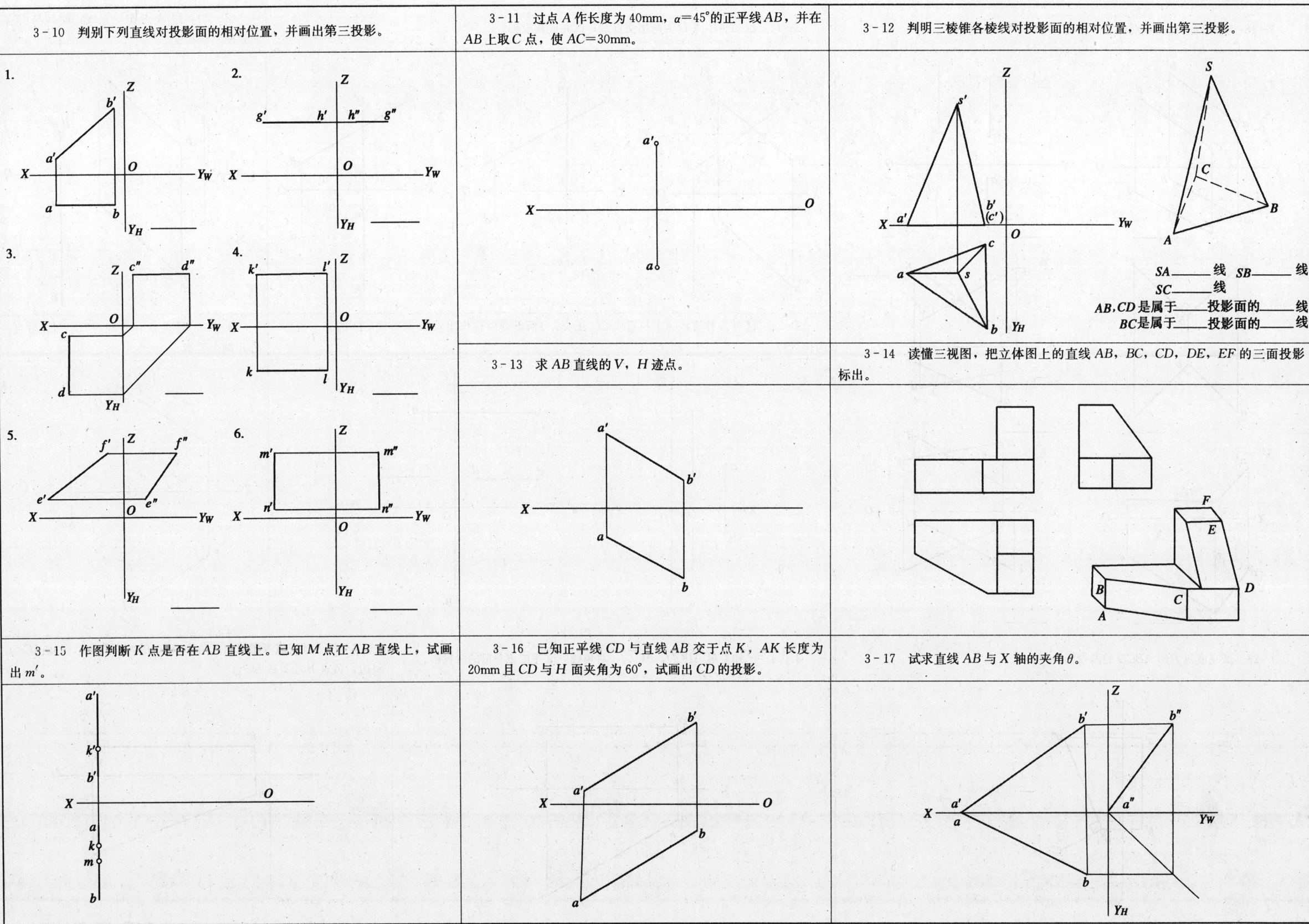

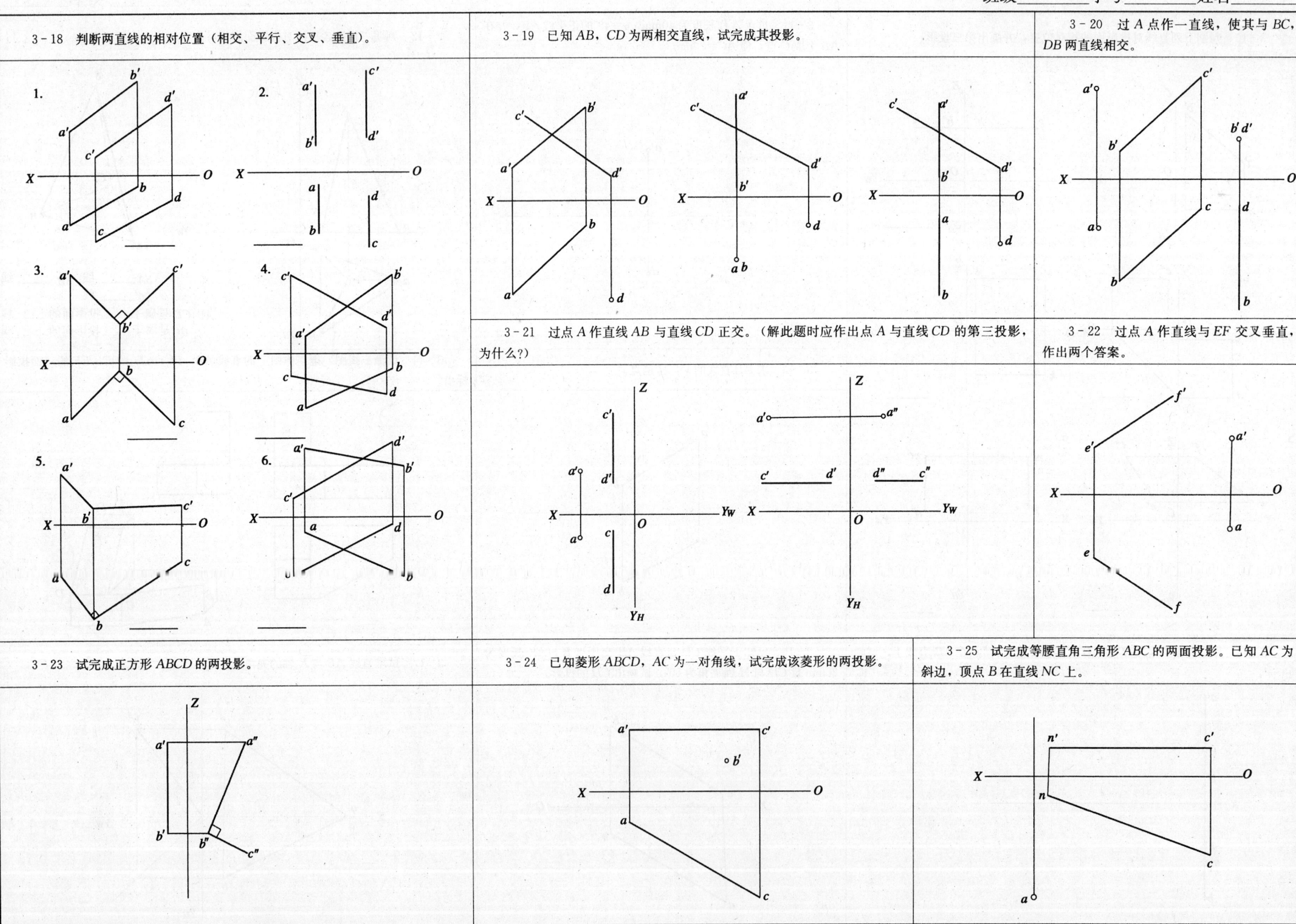

3-26 仿照1题在立体图上标出各平面的位置（用相应的大写字母），并在投影图上标出指定平面的其他两个投影。

3-27 求 ABC 平面的 V, H 迹线。

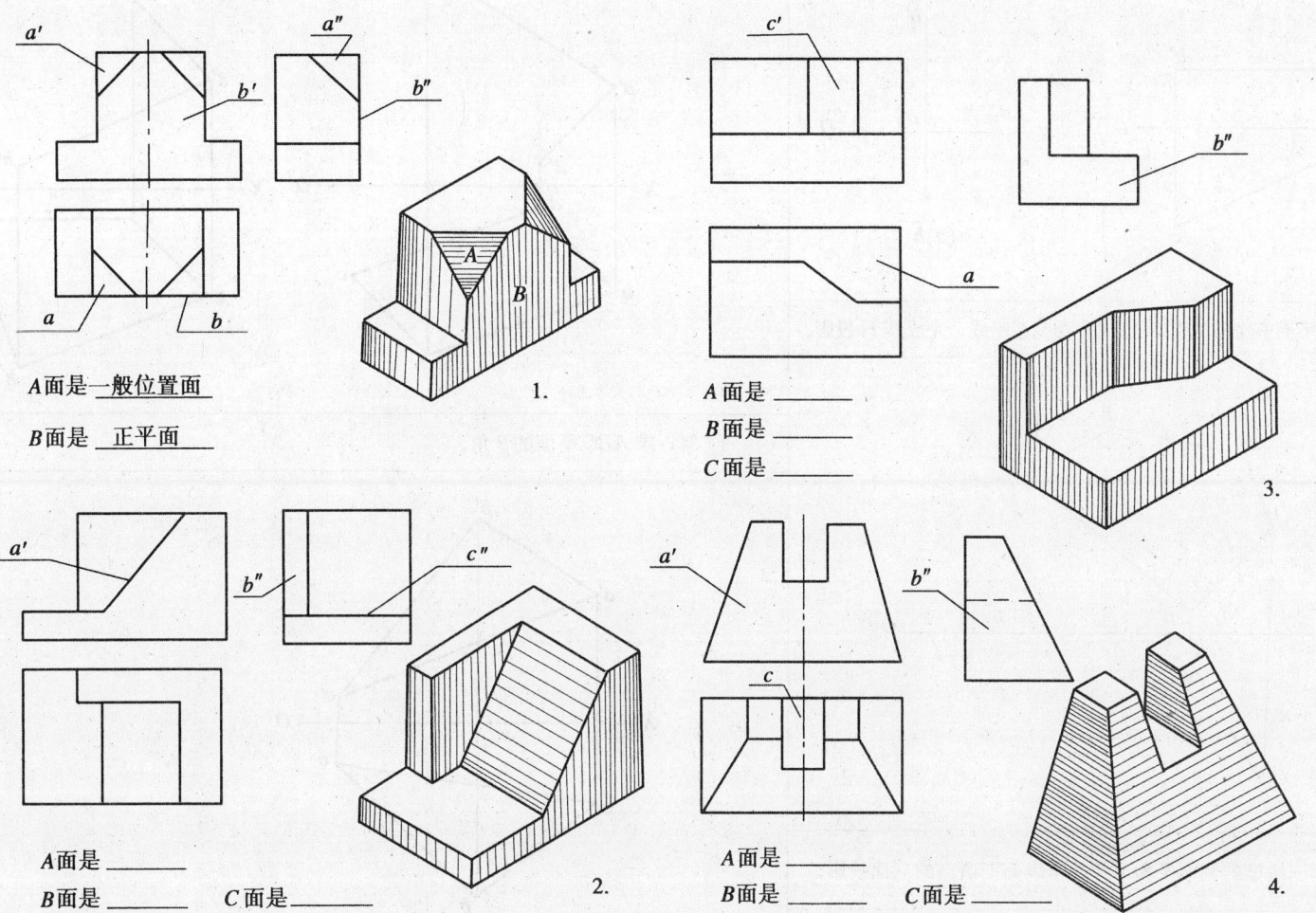

A 面是 一般位置面
B 面是 正平面

A 面是 _____
B 面是 _____
C 面是 _____

A 面是 _____
B 面是 _____ C 面是 _____

A 面是 _____
B 面是 _____ C 面是 _____

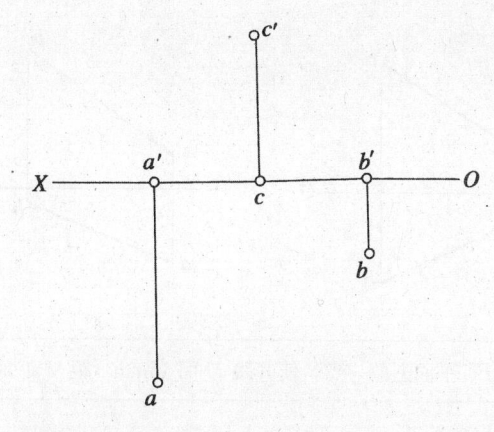

3-28 完成下列平面图形的第三投影，并作出面上点 K 的其他投影。

1.

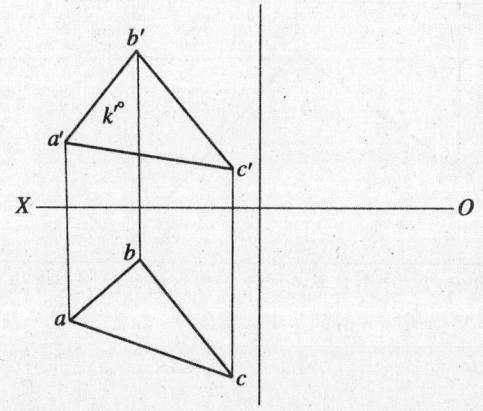

2.

3-29 试判断下列各图中的点、直线是否在平面上。

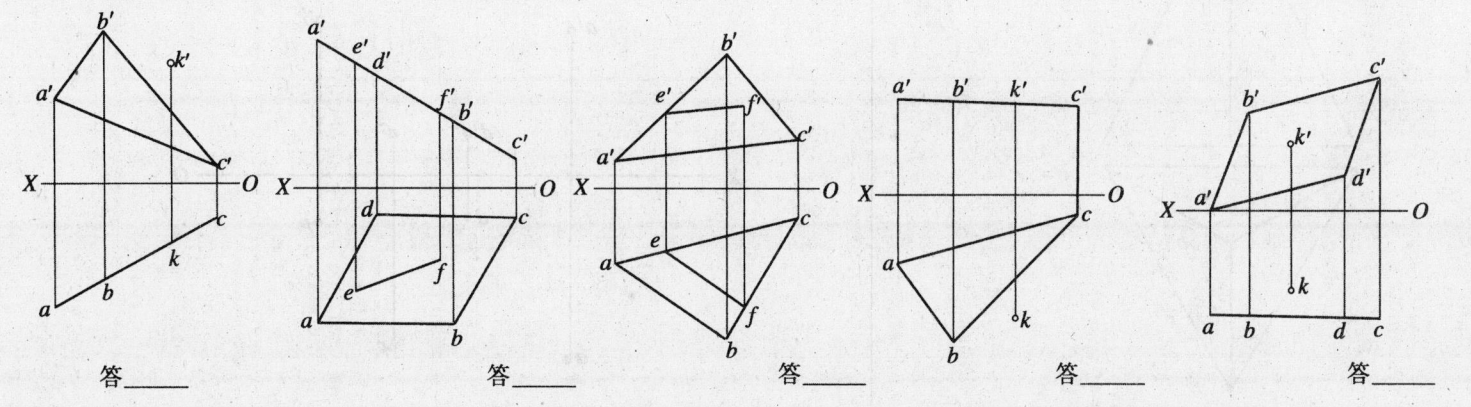

答____   答____   答____   答____   答____

3-30 包含下列各直线作平面（用迹线表示）。

(1) 作铅垂面 (2) 作正垂面 (3) 作水平面 (4) 作正平面

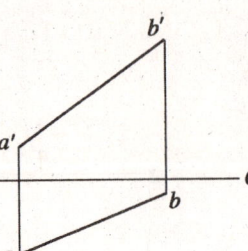

3-31 求平面四边形的正面投影。

(1) (2)

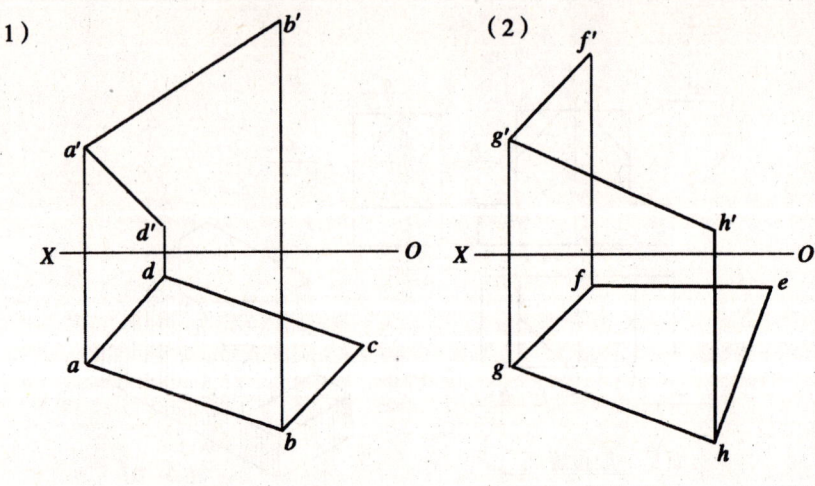

3-32 在 ABC 平面上取一点，使其距 H 面 15mm，距 V 面 20mm。

3-33 一平面五边形 ABCDE 的 CD 边为正平线，完成其 H 投影。

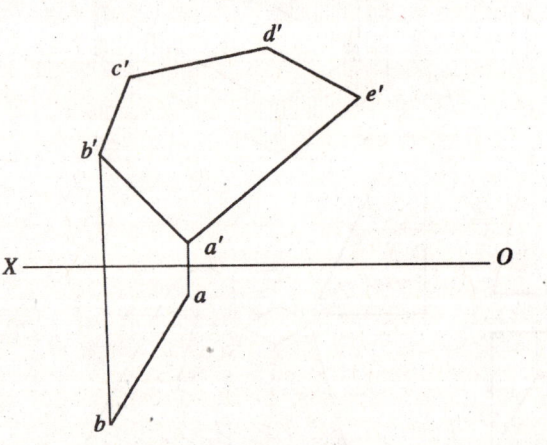

3-34 求 ABC 平面的 β 角。

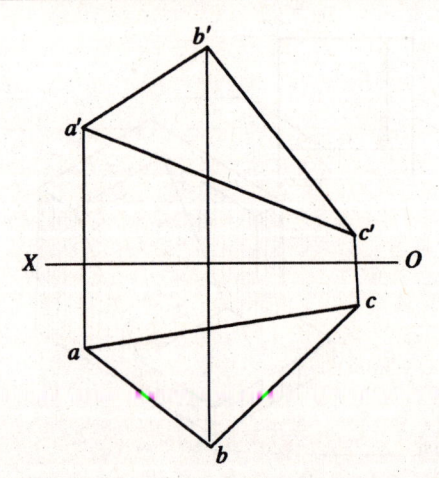

3-35 已知线段 AB 为某平面对水平投影面的最大斜度线，求作属于该平面且距 V 面为 20mm 的正平线 CD。

3-36 作三棱锥的侧面投影，并补全表面上诸点的三面投影。

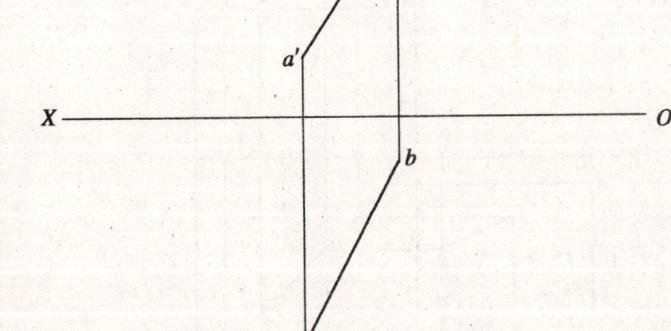

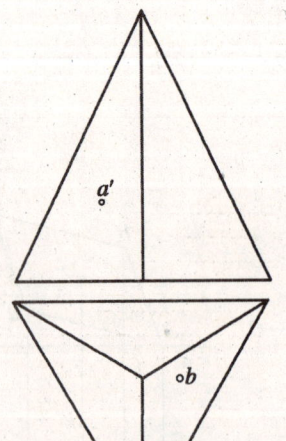

3-37 判断 A, B, C, D 四点是否共面，若共面则连成一四边形；若不共面则连成一四面体，并判别可见性。

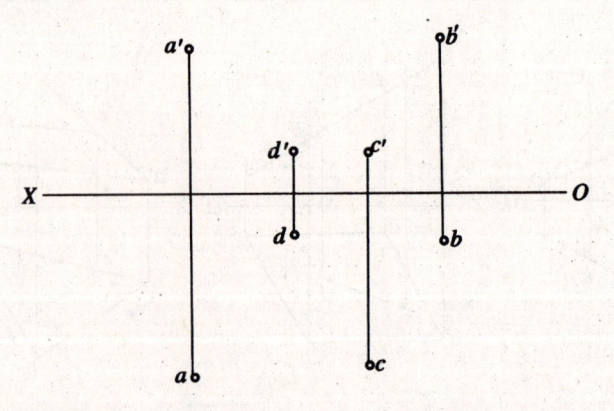

3-38 补齐视图中所缺的图线,并徒手画出其轴测草图。

1.
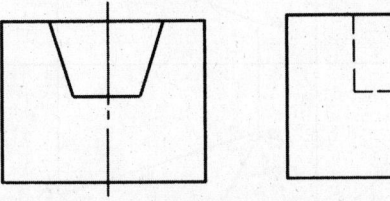
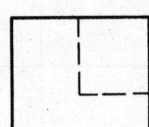

2.
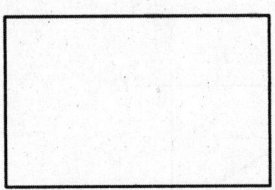
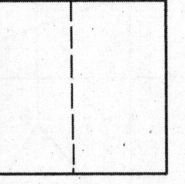

3.
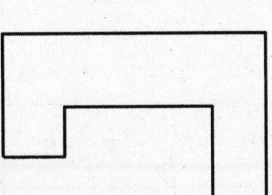

4.
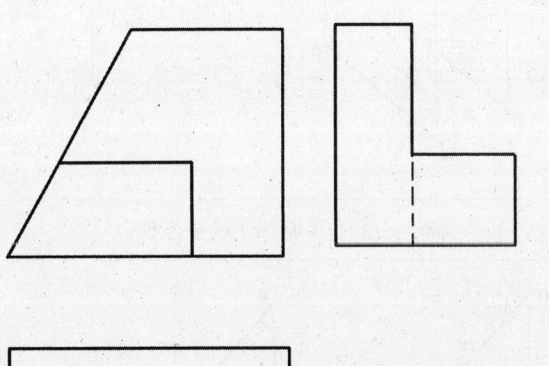

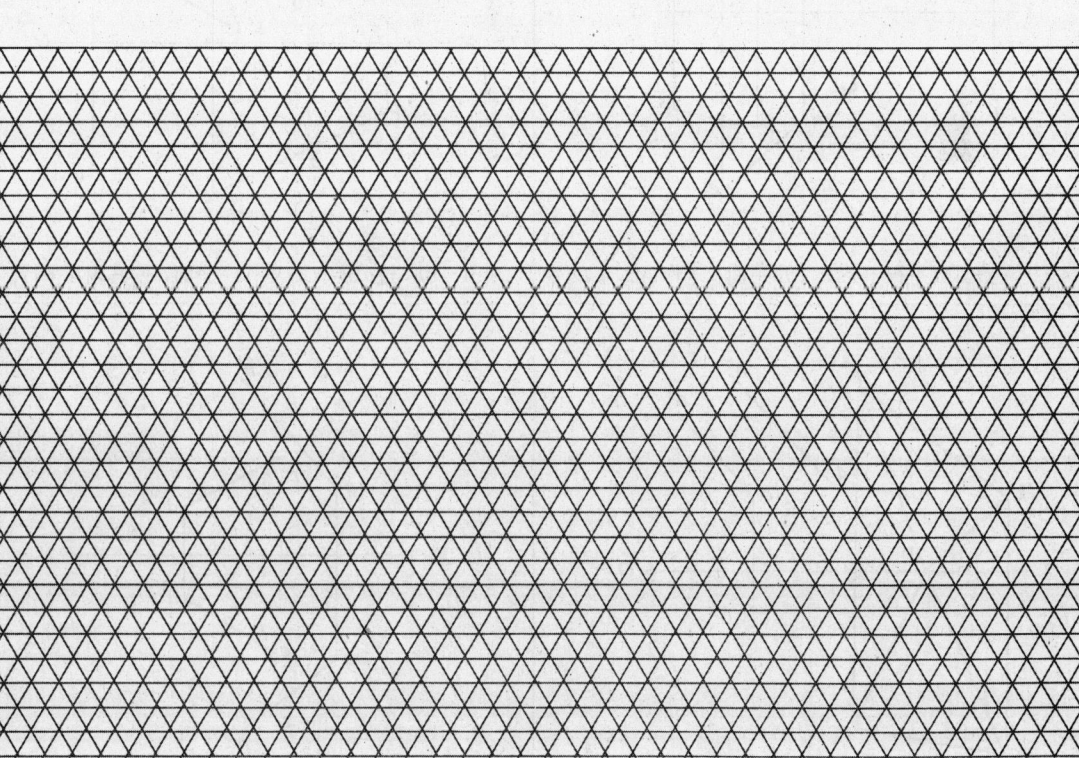

第4章 直线与平面、平面与平面的相对位置

4-1 过点 E 作一水平线 EF∥△ABC，且 EF=15mm。	4-2 过点 A 作一正垂面△AEF∥BC。	4-3 已知 EF∥△ABC，求作 e′f′。	4-4 已知△ABC∥EF，求作△a′b′c′。
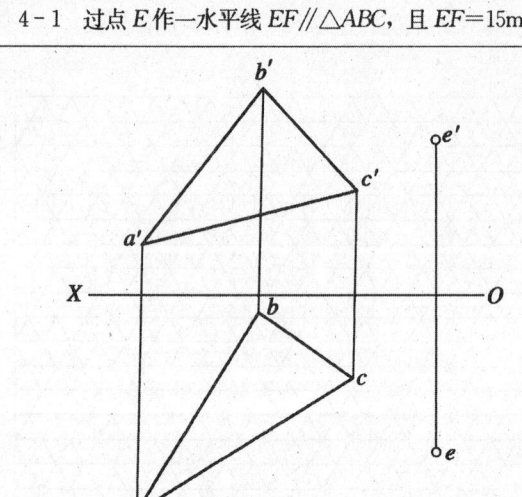	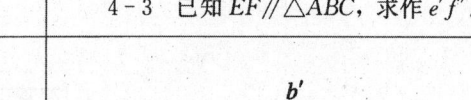	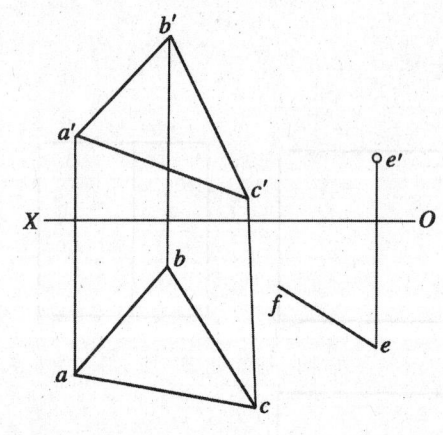	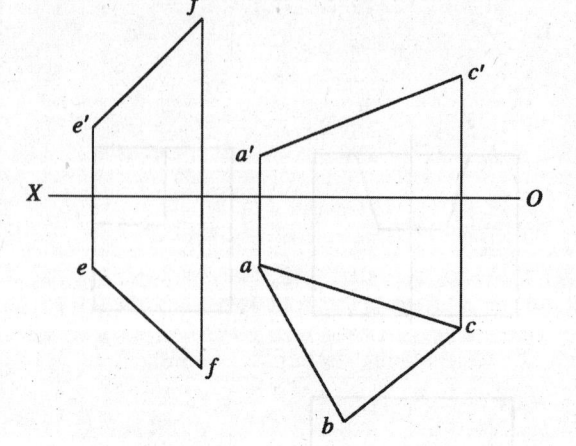
4-5 已知△ABC 平行于 DE, FG，求作△ABC	4-6 已知△DEF∥△ABC，试求△DEF。	4-7 已知△ABC∥EDFG (DE∥FG)，试求△ABC。	4-8 已知 MN 和△EFG 均平行于平面 ABCD (AB∥CD)，试求 mn 和△e′f′g′。
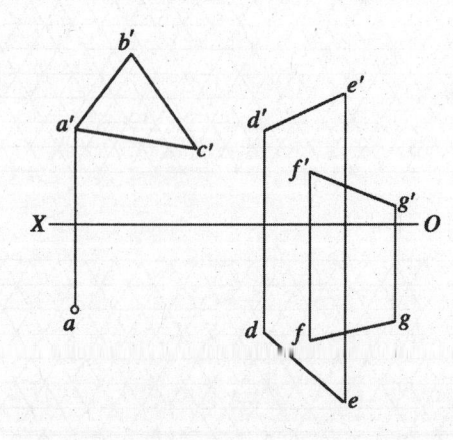		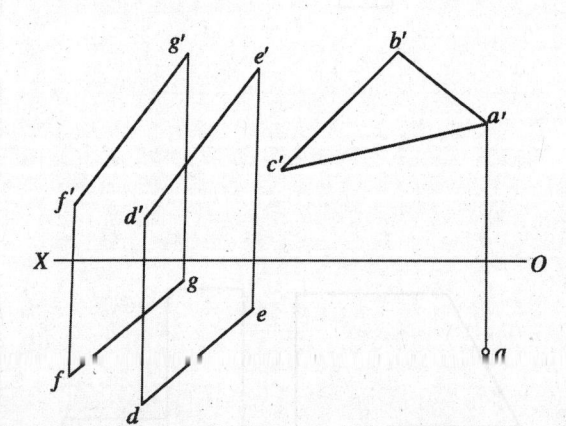	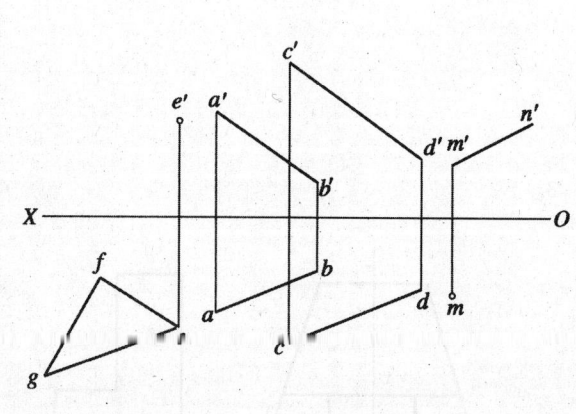
4-9 △KLM 平行于 AB, CD 平面，求作 AB, CD。	4-10 过 AB, CD 各作一平面，使其相互平行。	4-11 判断△ABC 与平面 EFHG 是否平行。	4-12 作图判断 AB, CD 和 KL, MN 两平面是否相互平行。
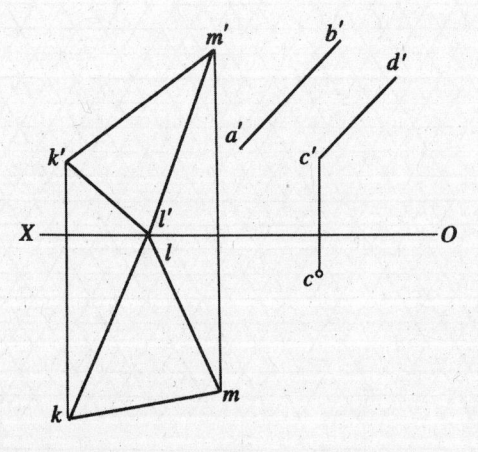	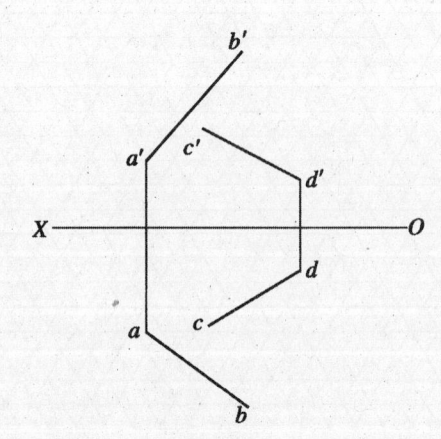	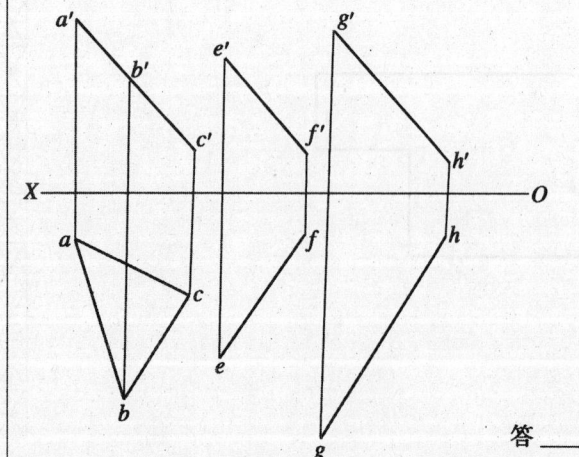 答____	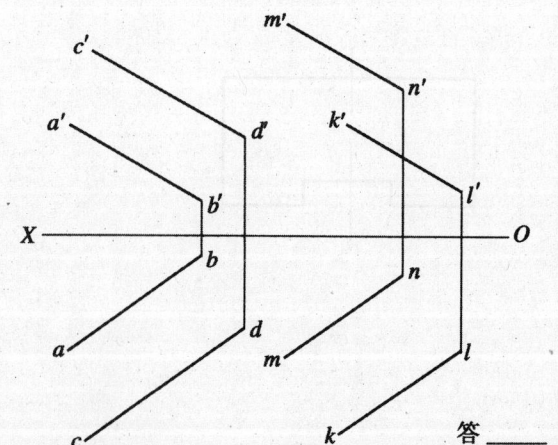 答____

4-13 求直线与平面的交点,并判别可见性。

4-15 过点 C 作 △ABC 的法线。

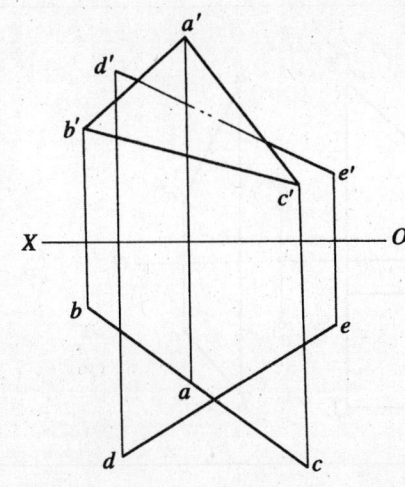
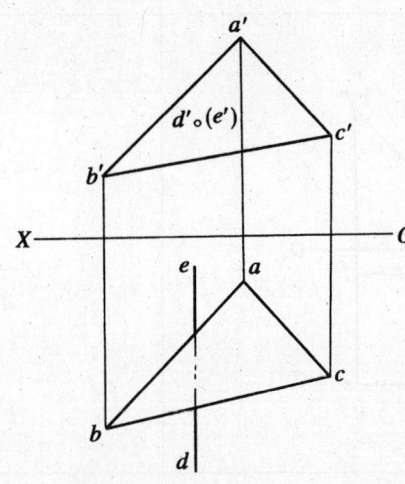
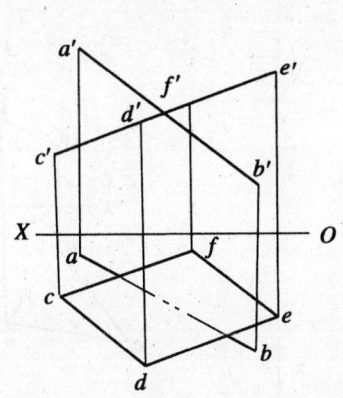
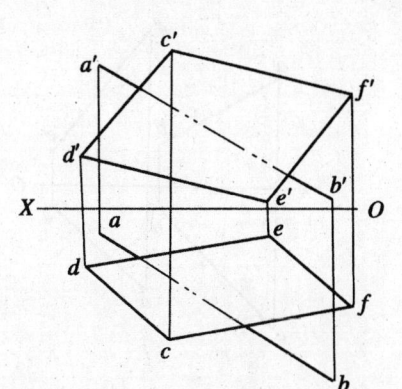
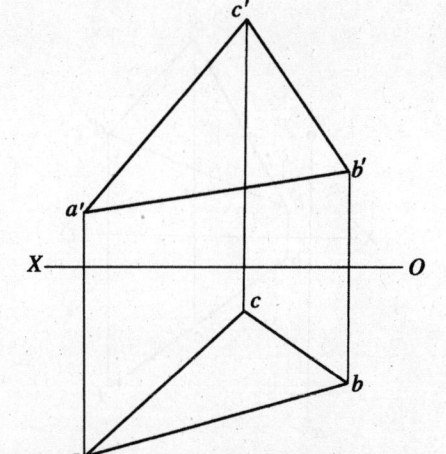

4-14 求两平面的交线,并判别可见性。

4-16 求点 K 到平面的距离。

1.
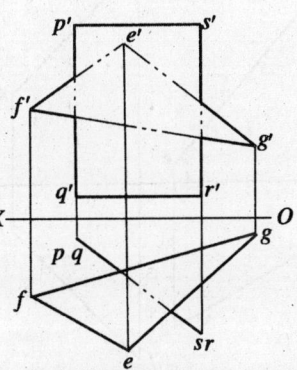

2.
3.
4.
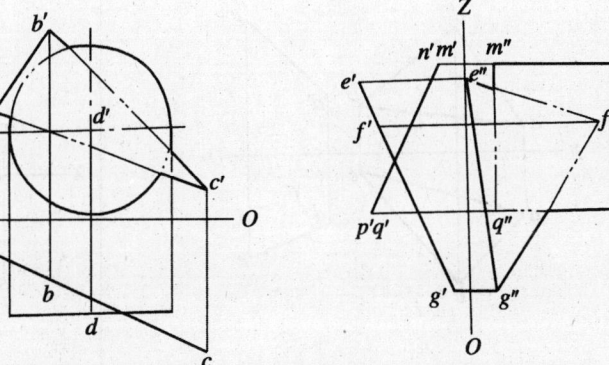
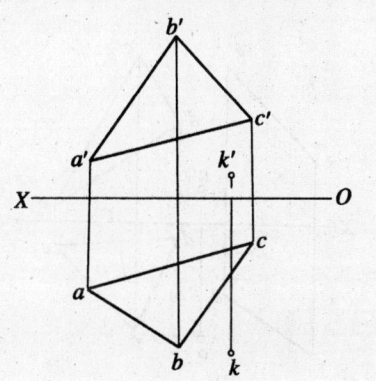

4-17 过点 A 作 BC 的法面,并求垂足。

5.
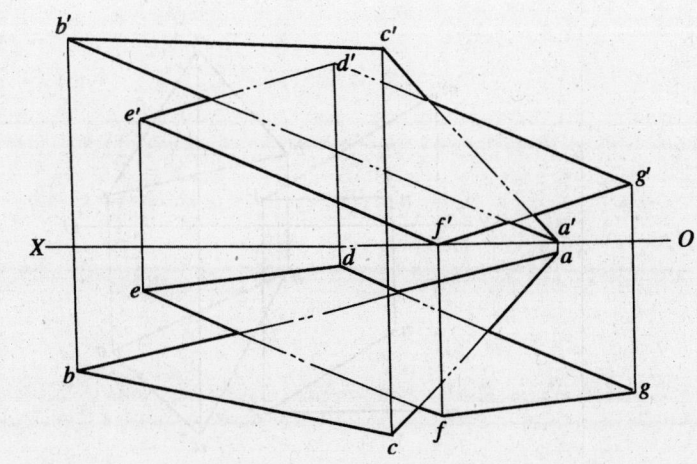

6.
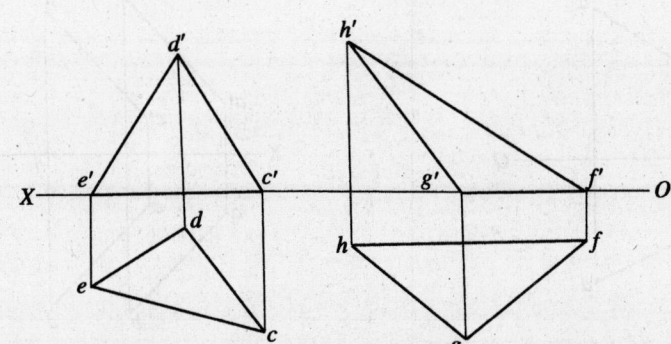
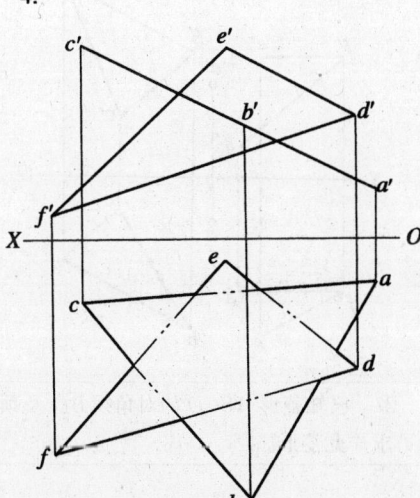
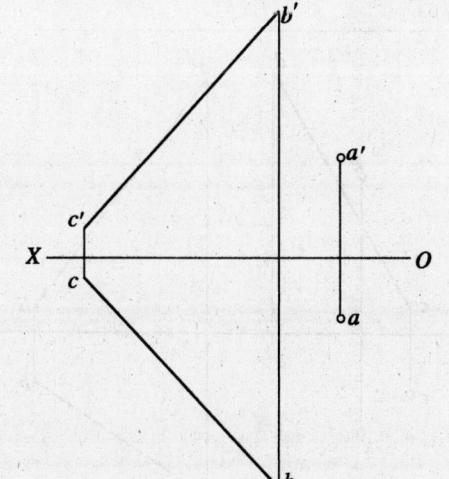

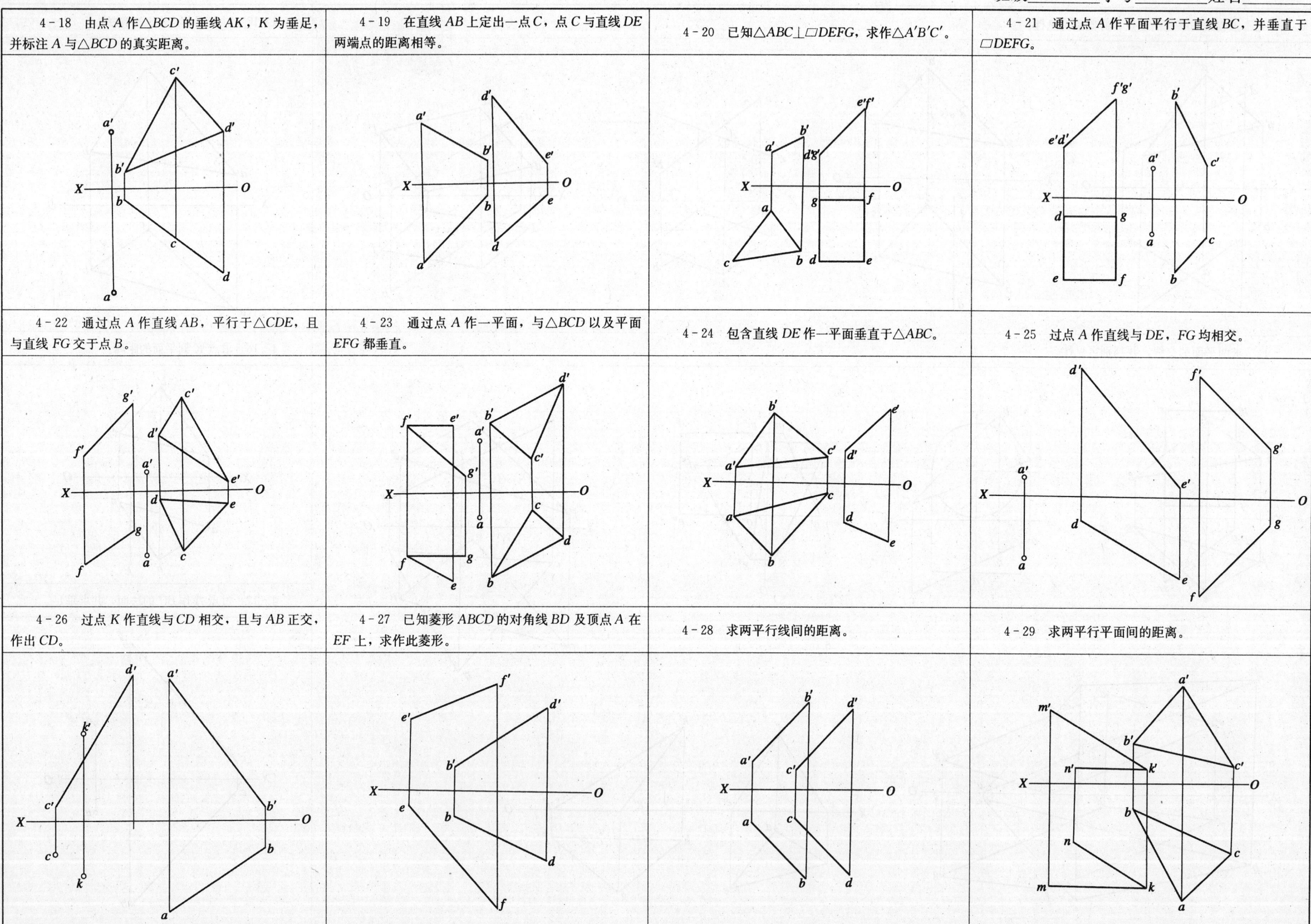

第5章 立体的投影

5-1 完成下列各平面立体及其表面上各点、线的三面投影。

1.
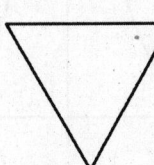

2.
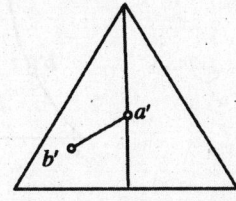

3.
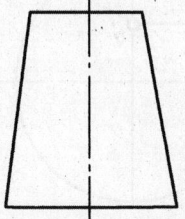

4.
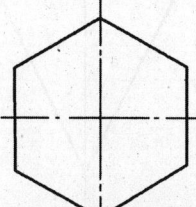 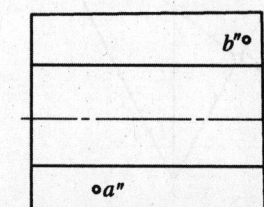

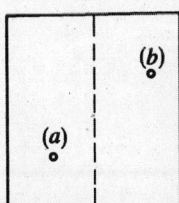

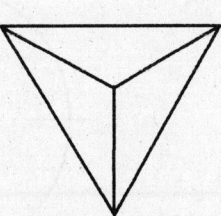

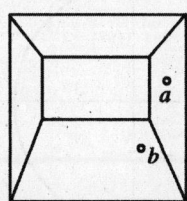

5-2 根据立体表面上的点和线的一个投影，试作出它们的其余两个投影。

1.
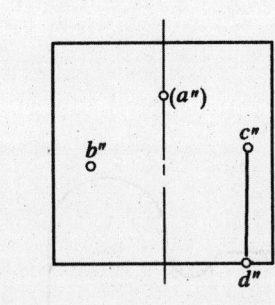
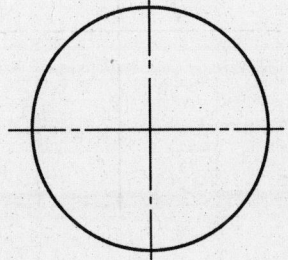

2.
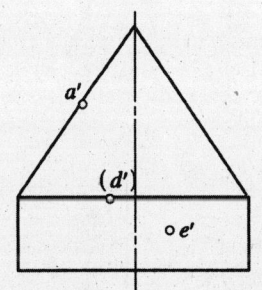
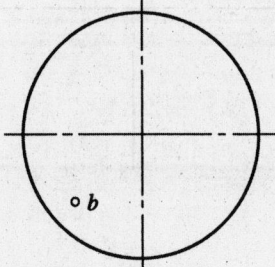

3.
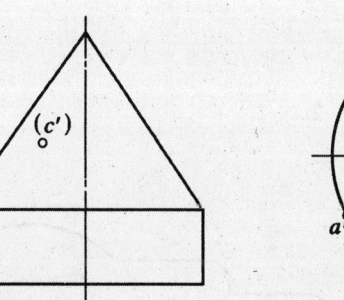
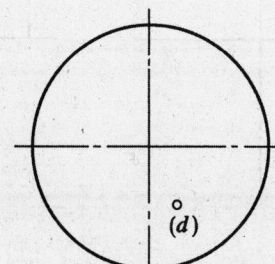

4.
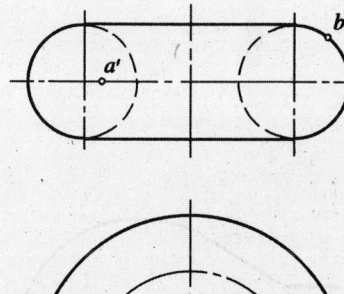
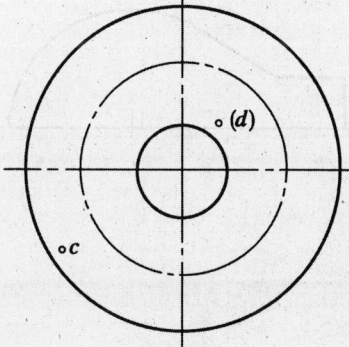

5. 　　　　　　　　　　6. 　　　　　　　　　　7.

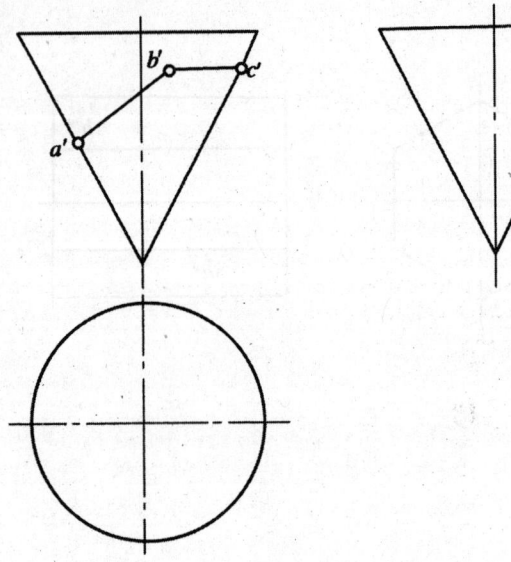
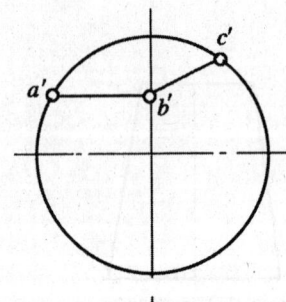
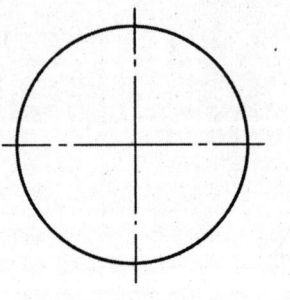
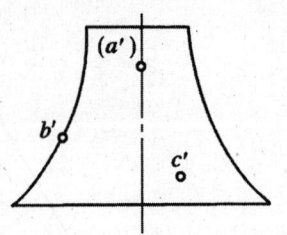
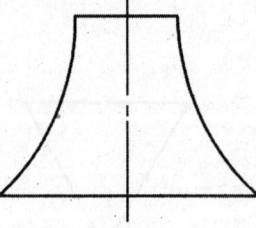

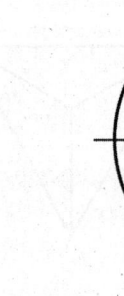

5-3 已知回转体的母线和轴线，试完成其两面投影。

1. 　　　　　　　　　　2. 　　　　　　　　　　3.

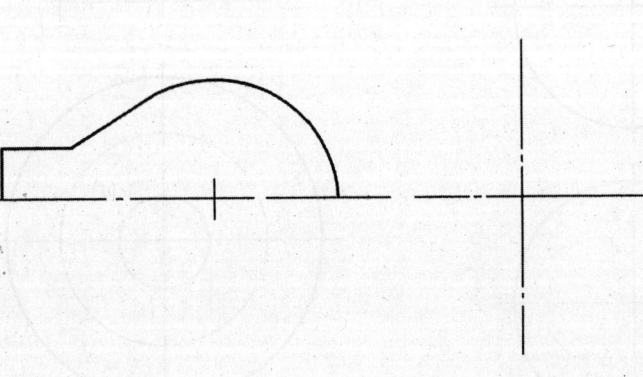
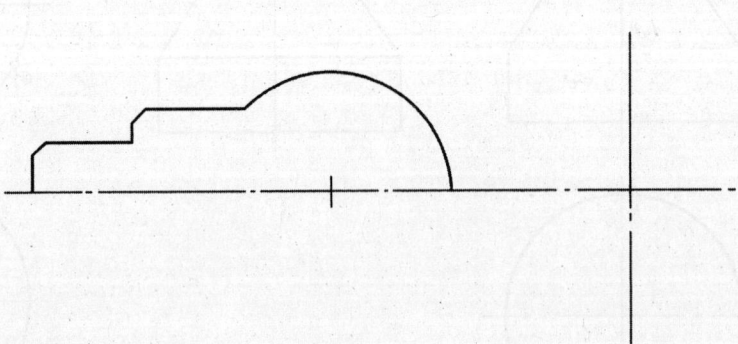
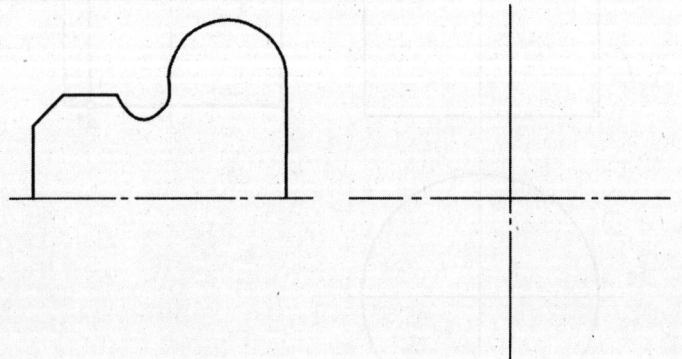

5-4 根据投影图画轴测图（1、3、4、5画正等测，2画正二测，6画斜二测）。

1.
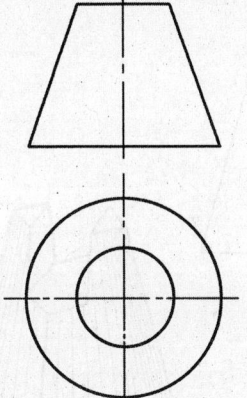

2.
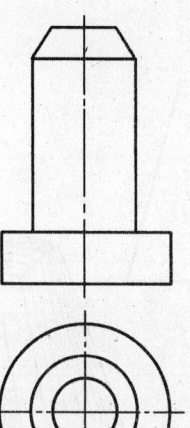

3.
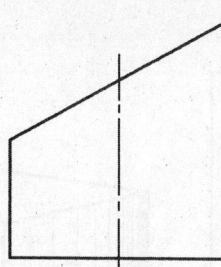

4.
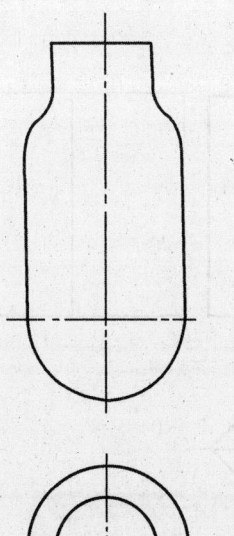

5.
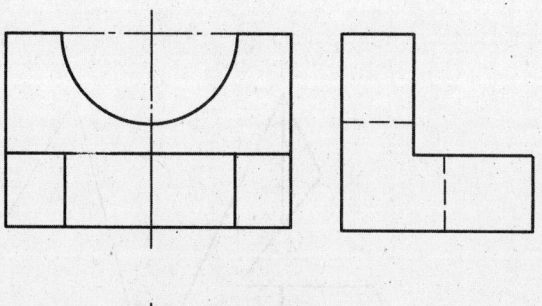
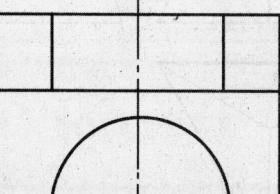

6.
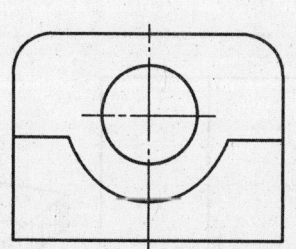
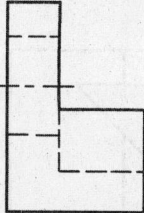

第6章 平面、直线与立体相交

班级_____ 学号_____ 姓名_____

6-1 补齐下列带缺口或穿孔的各立体的投影。

1. 2. 3.

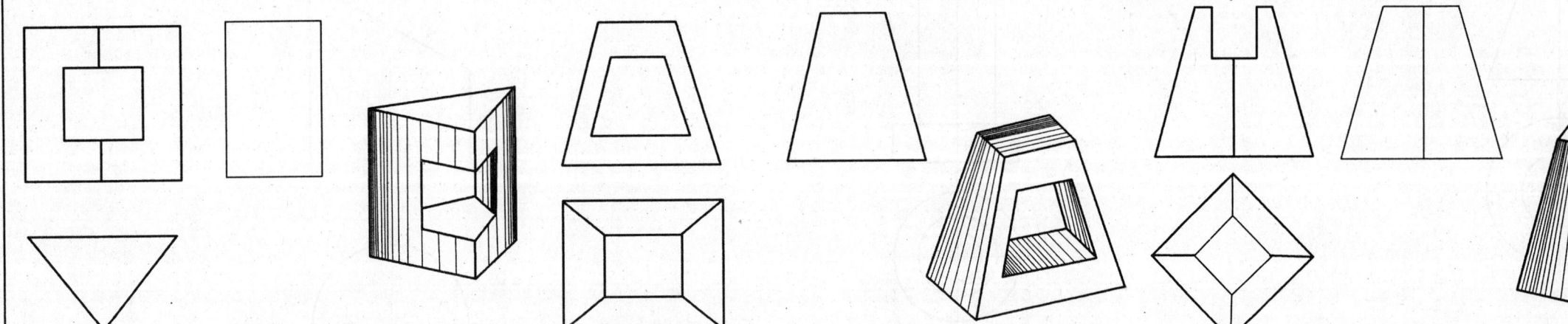

6-2 完成带切口的立体的投影。

4.

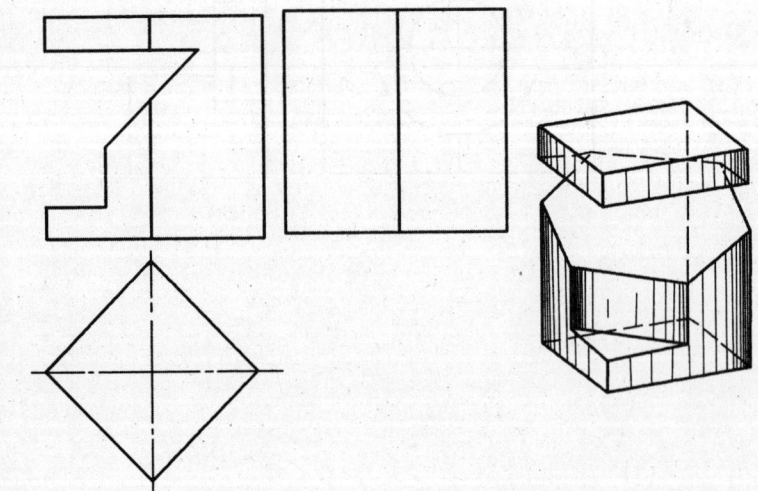

1. 2.

 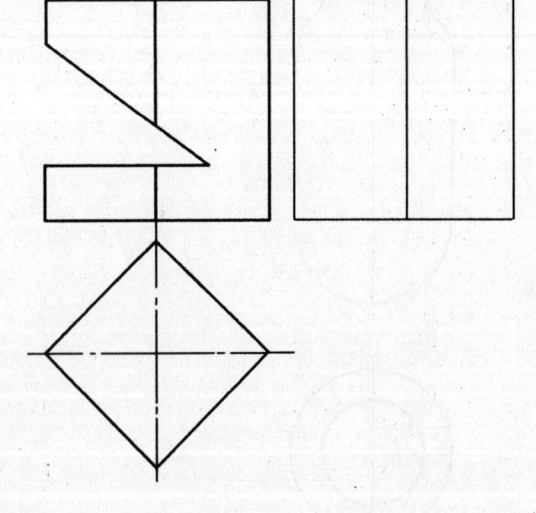

6-3 画出下列物体的第三投影。

1. 2. 3. 4.

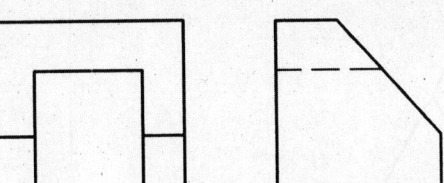 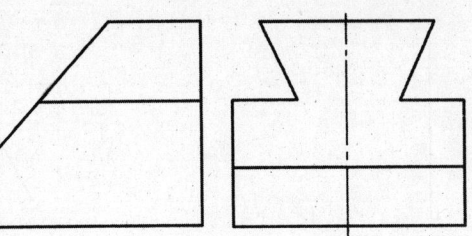 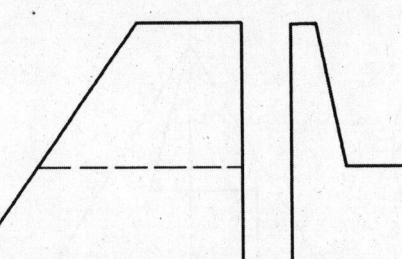 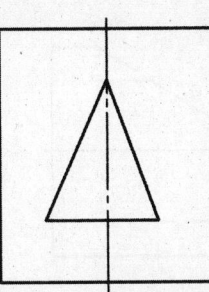

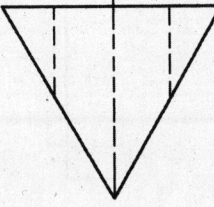

6-4 分析截交线形状，补画第三投影。

1. 2. 3. 4.

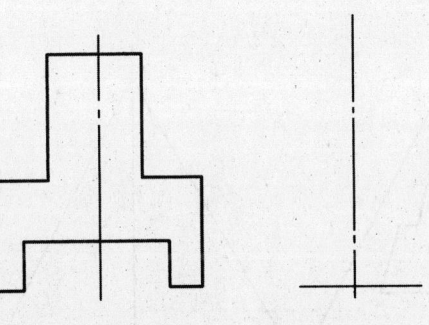 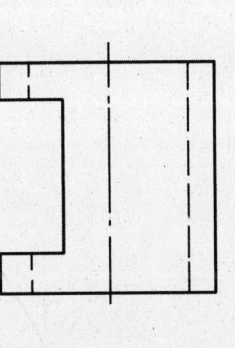 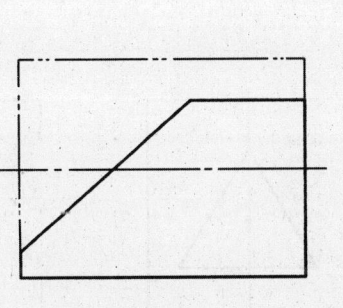 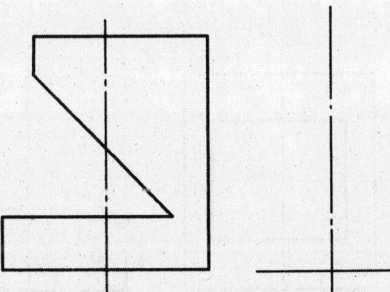

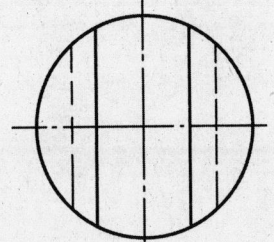  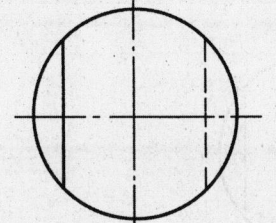

6-5 分析截交线形状，补齐立体被截切后的其余投影。

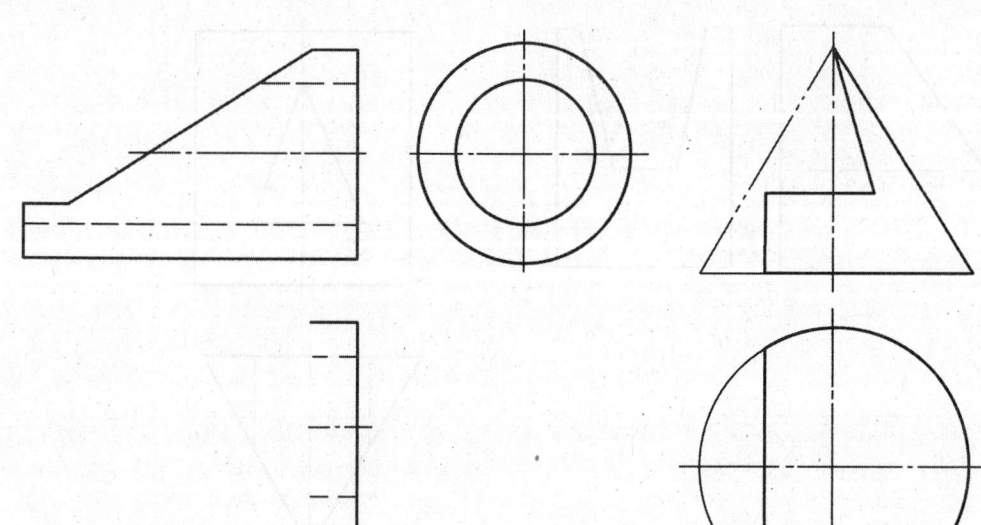
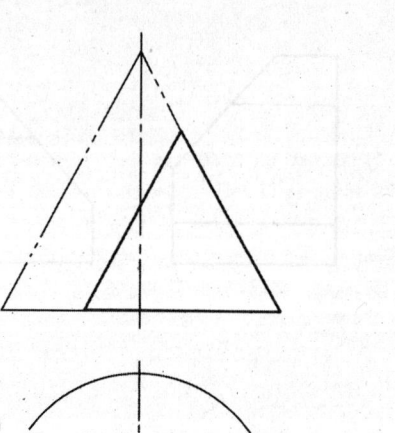
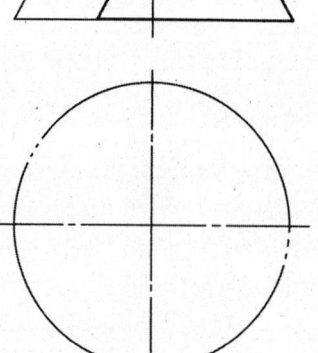

6-6 补齐带穿孔的立体的诸投影。

1.
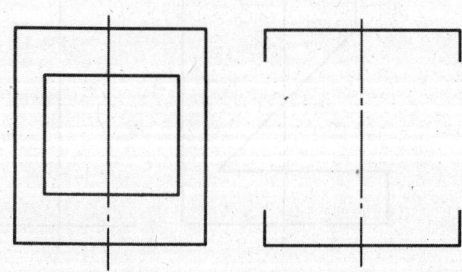
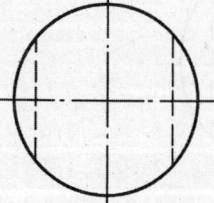

2.
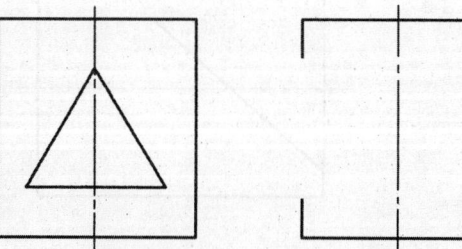
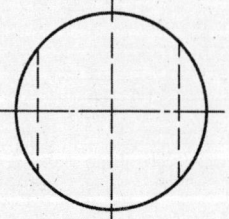

3.
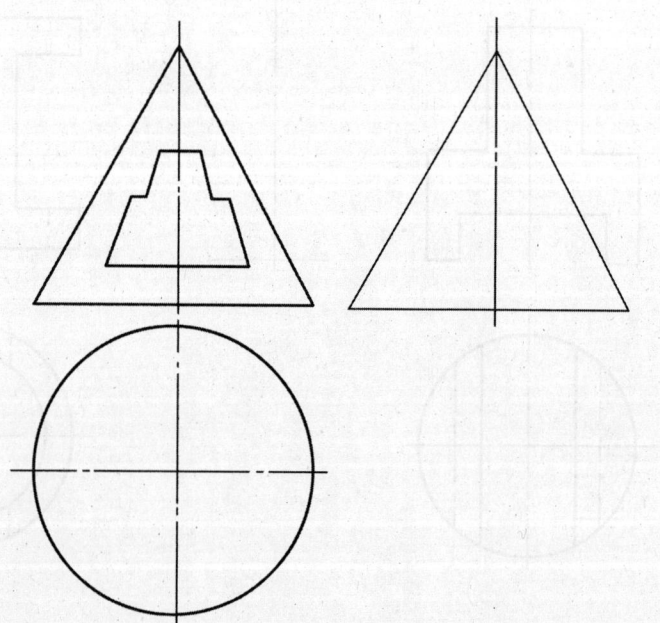

6-7 完成立体被平面截切后的投影。

1.

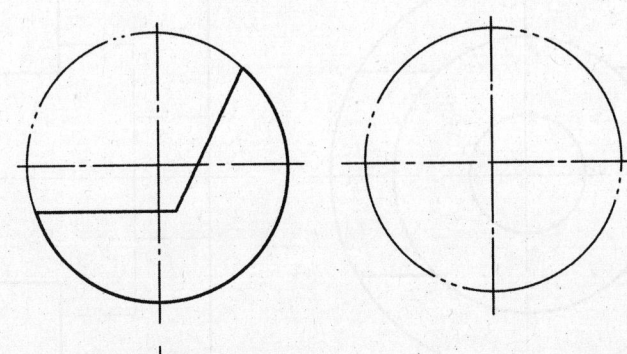

2.

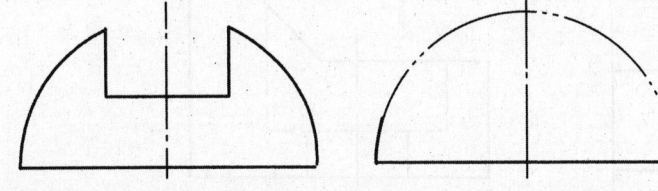

3.

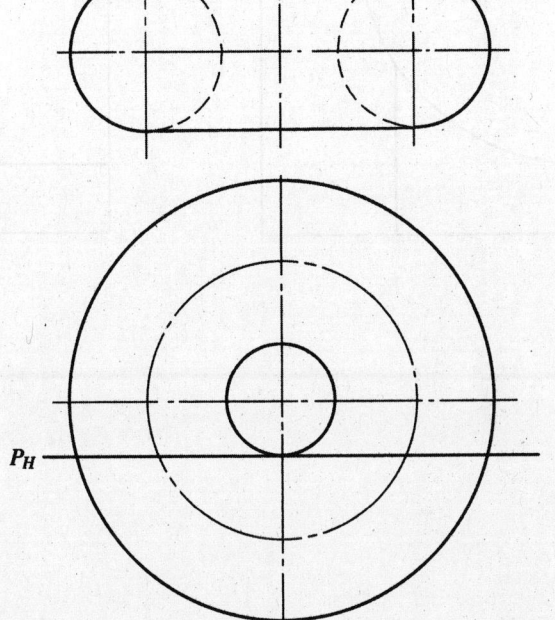

4.

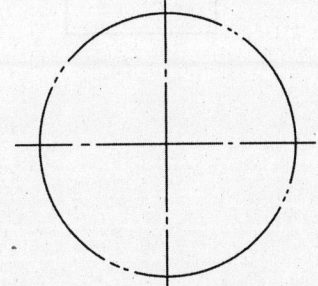

5.

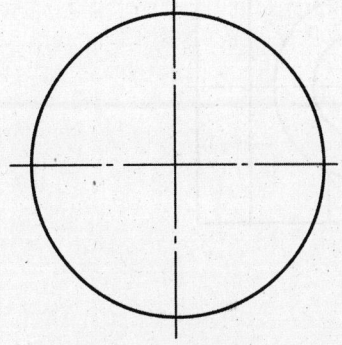

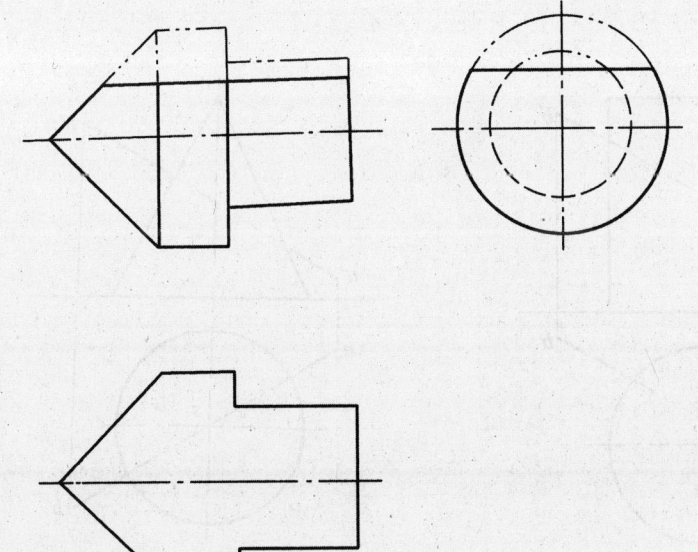

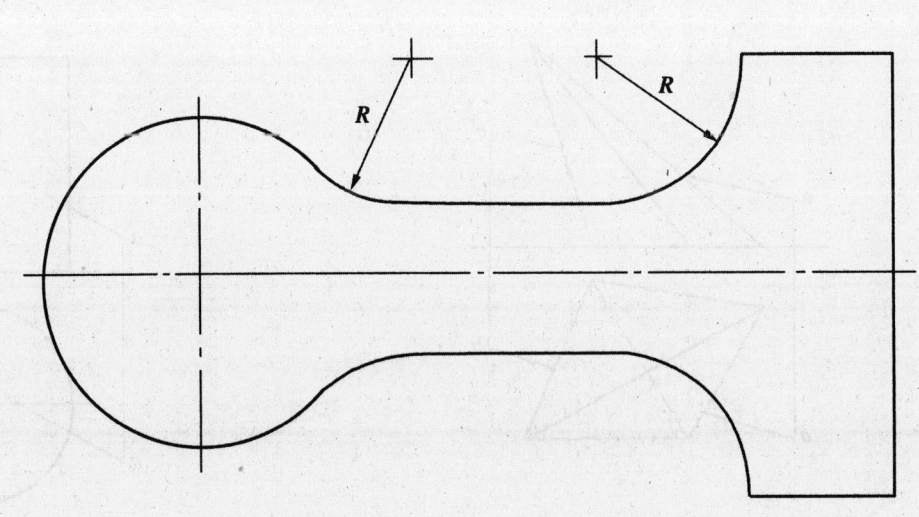

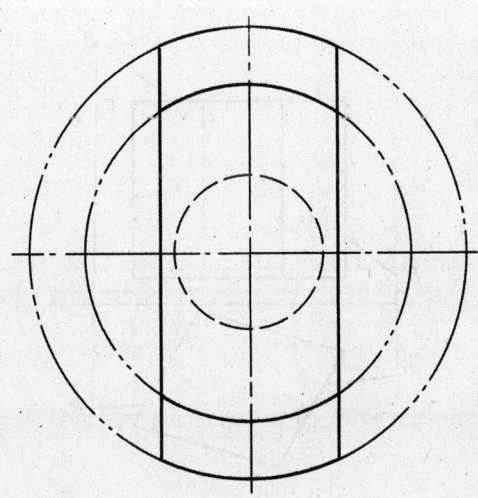

6-8 根据已知的两个投影图，求作第三投影。

1.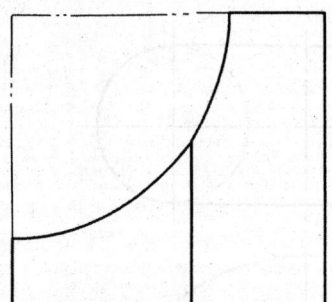

2.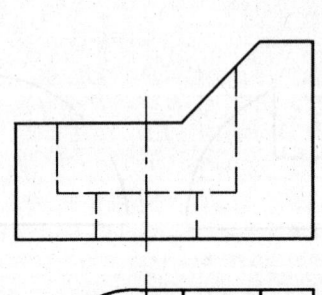

3.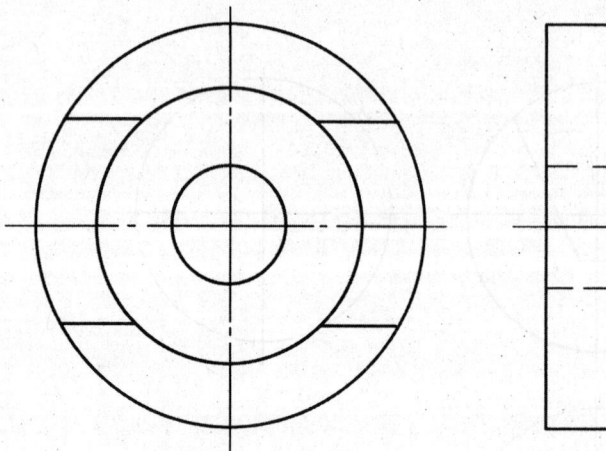

6-9 求直线 AB 与立体的交点，并判别可见性。

1.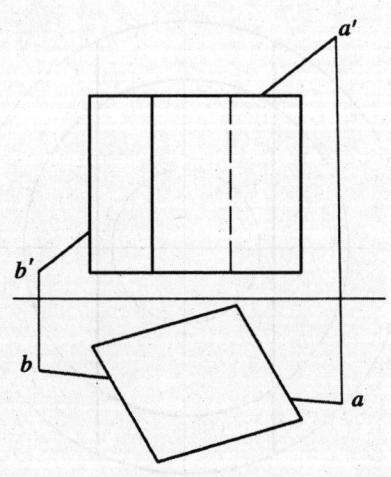

2.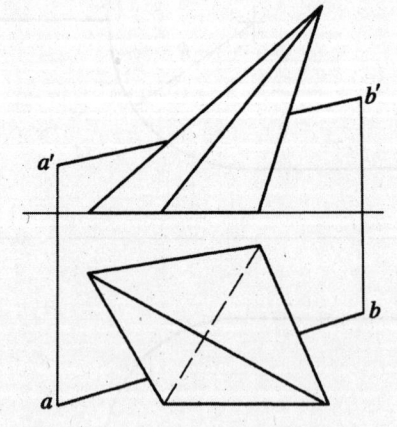

3.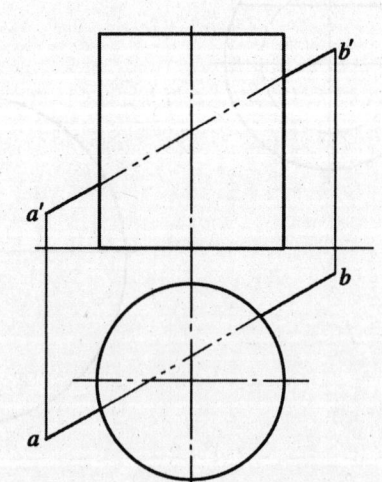

4.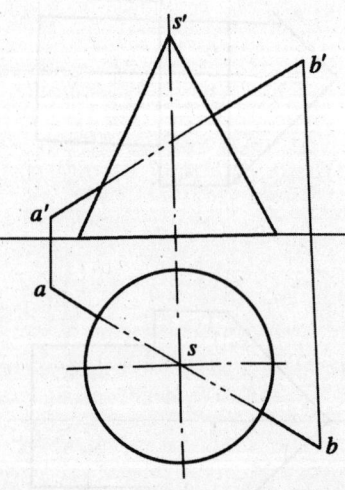

第 7 章 两立体表面相交

7-1 分析两立体表面的交线,并补全相关的投影。

1.

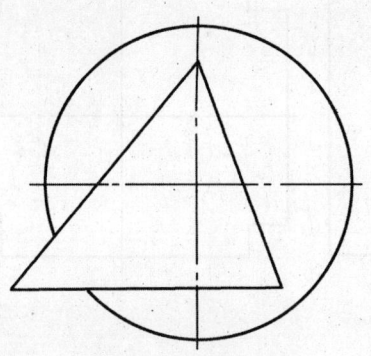

2.

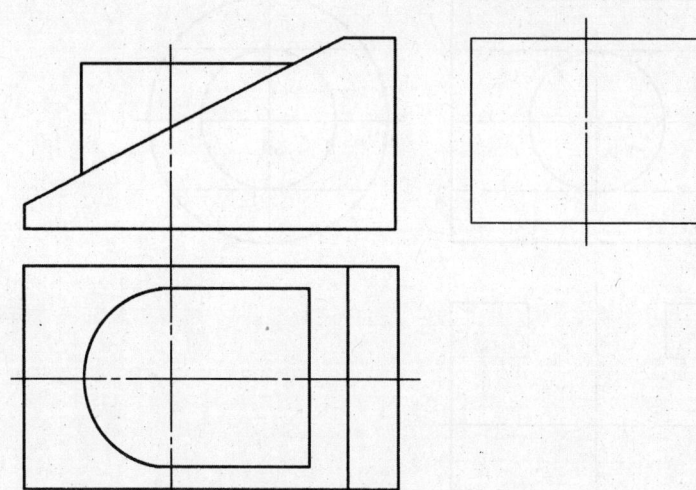

3.

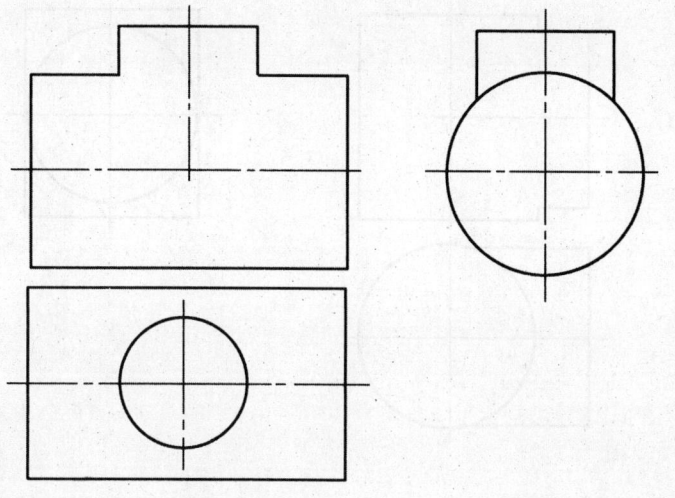

4.

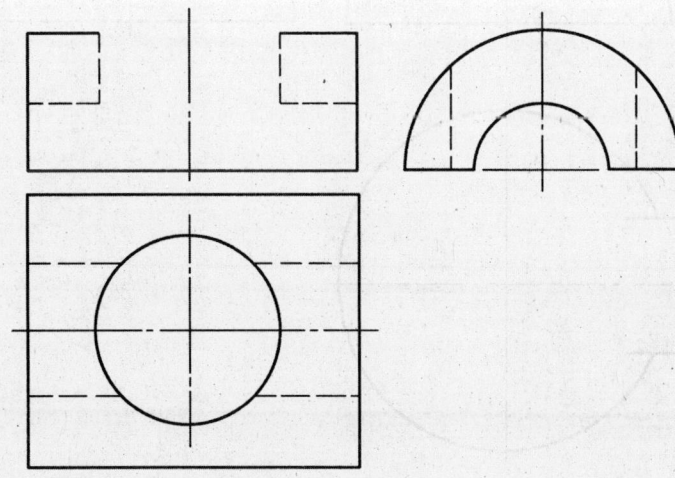

7-2 分析立体表面的交线,并补全相关的投影。

1.

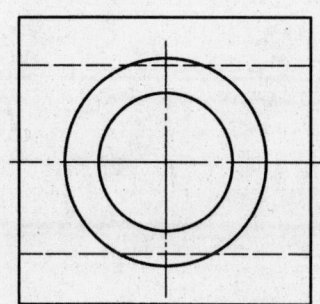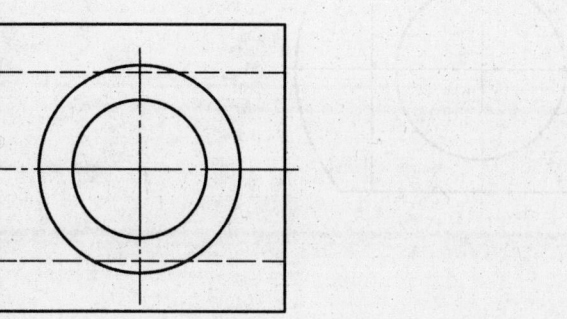

2.

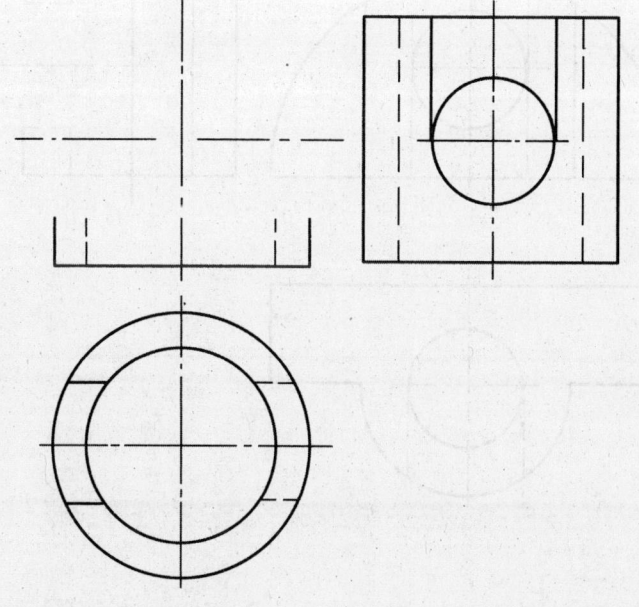

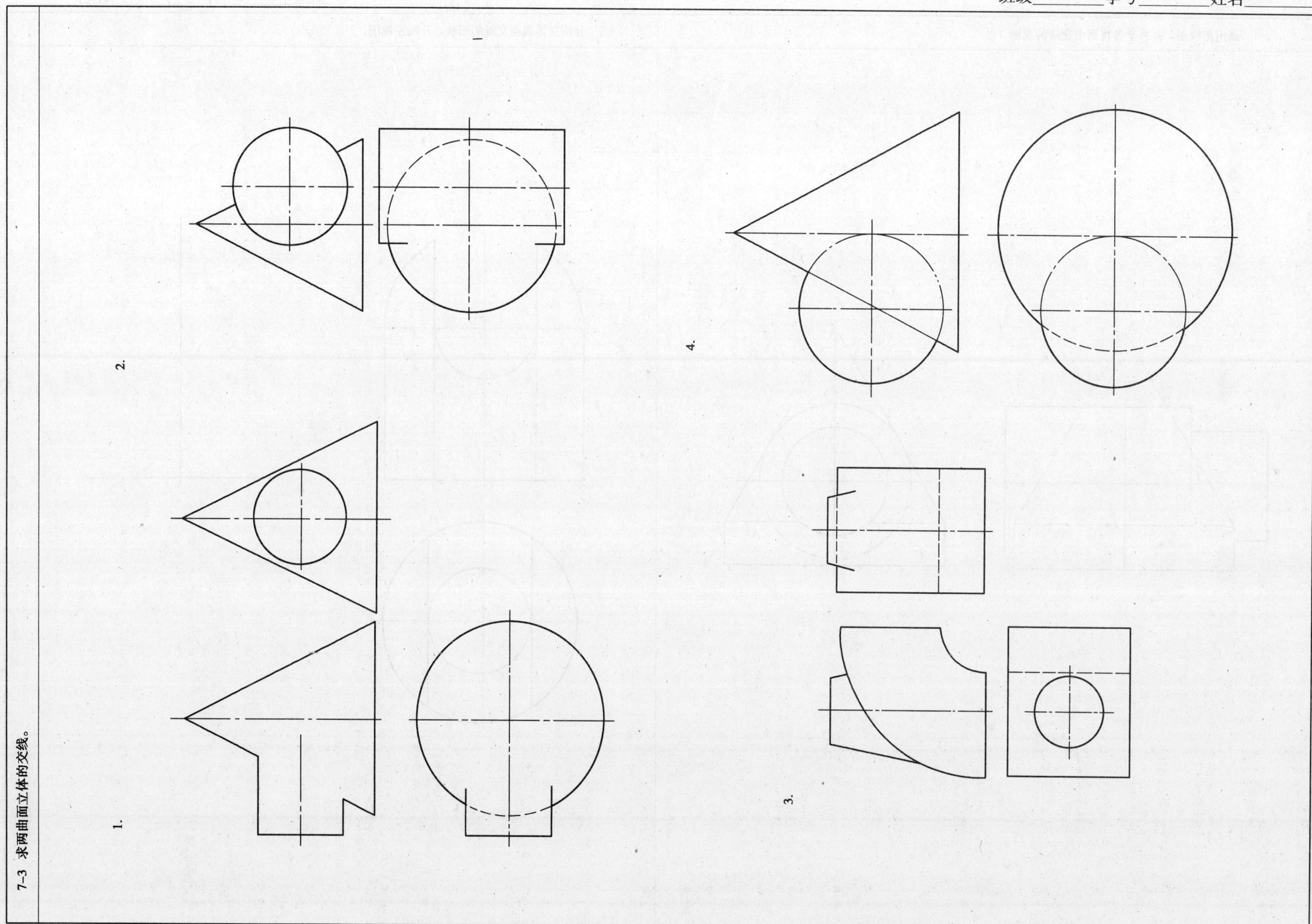

7-4 画出俯视图，并补全各视图中交线的投影。

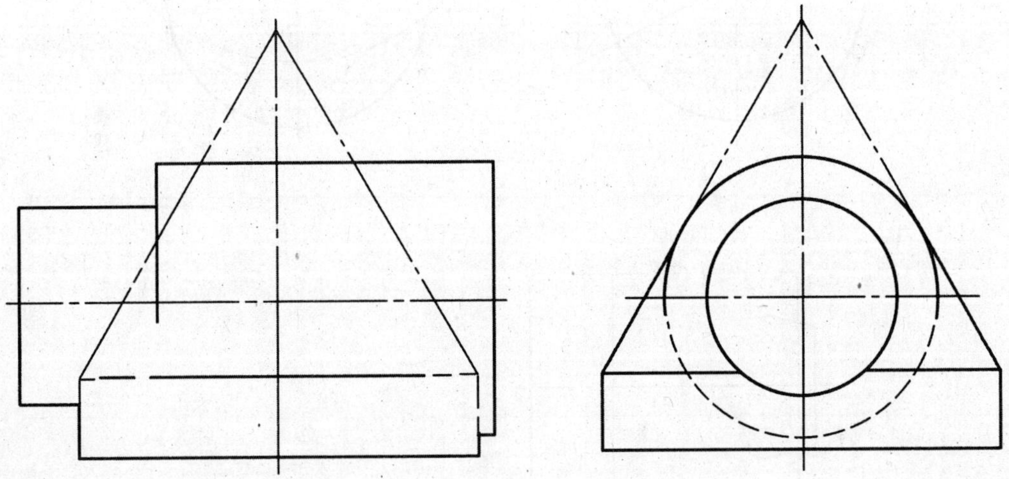

7-5 分析立体表面交线的形状，补画左视图。

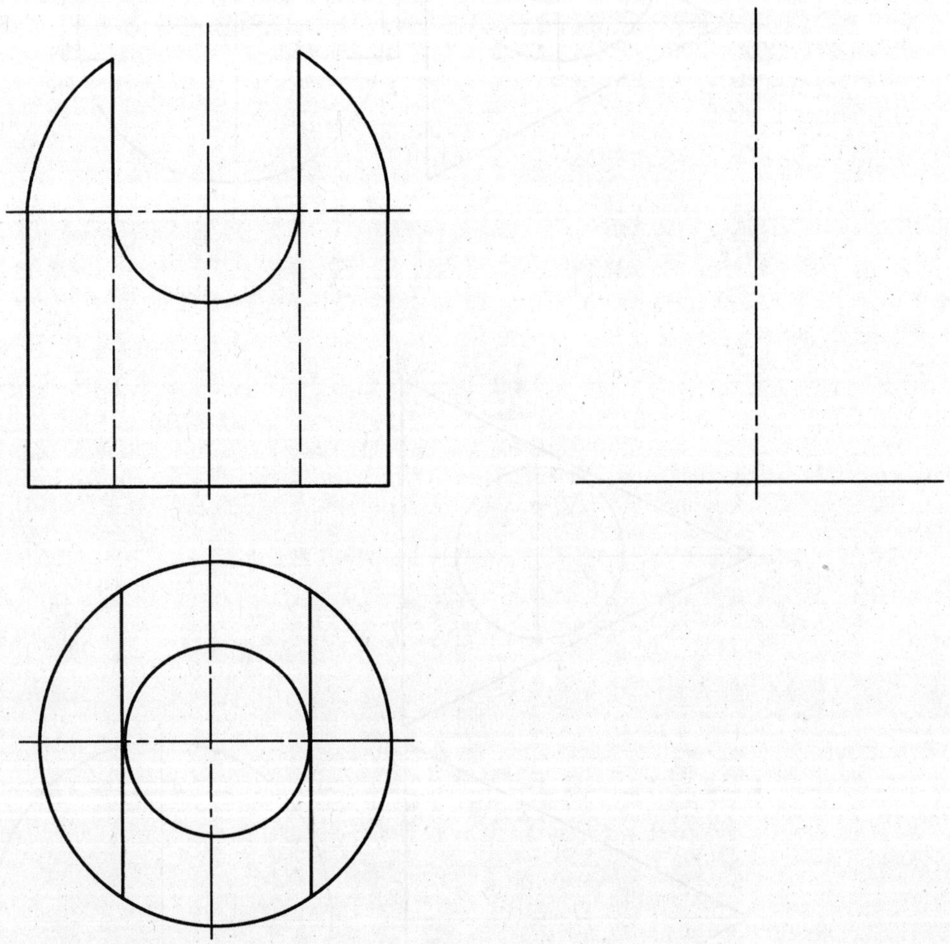

8-1 根据轴测图上给定的尺寸，按1:1画出组合体的三视图。(1，2用仪器画，3，4用徒手画)。

1.

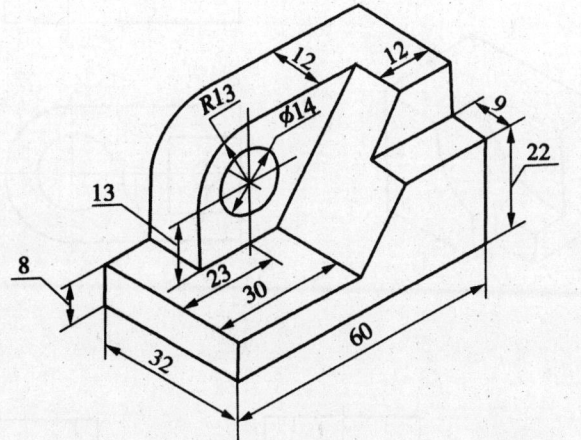

2.

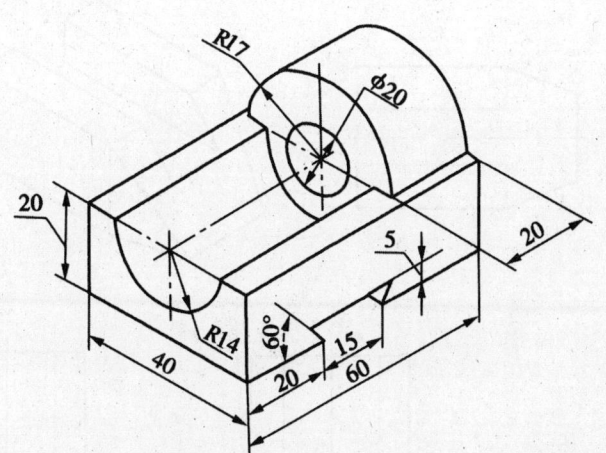

3.

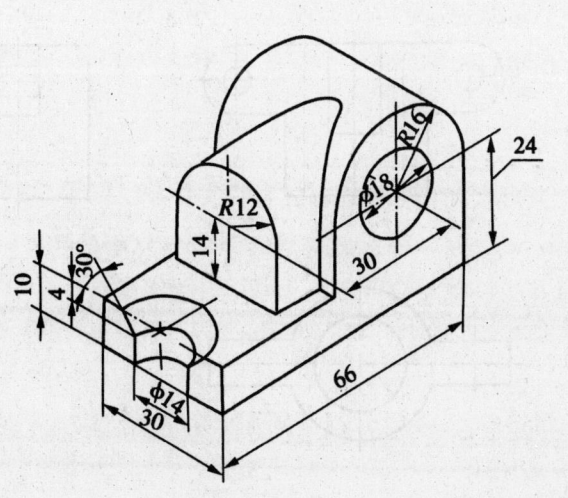

4.

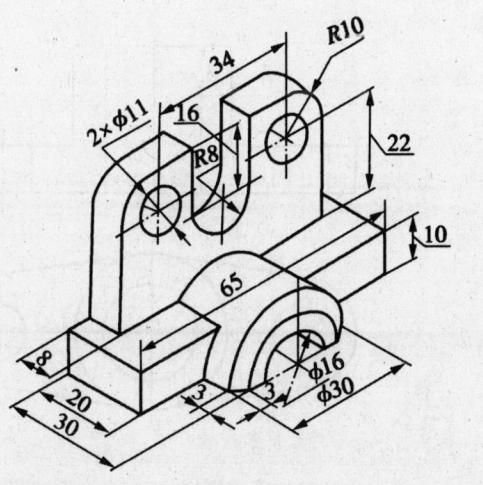

8-2 补画视图中所缺的图线。

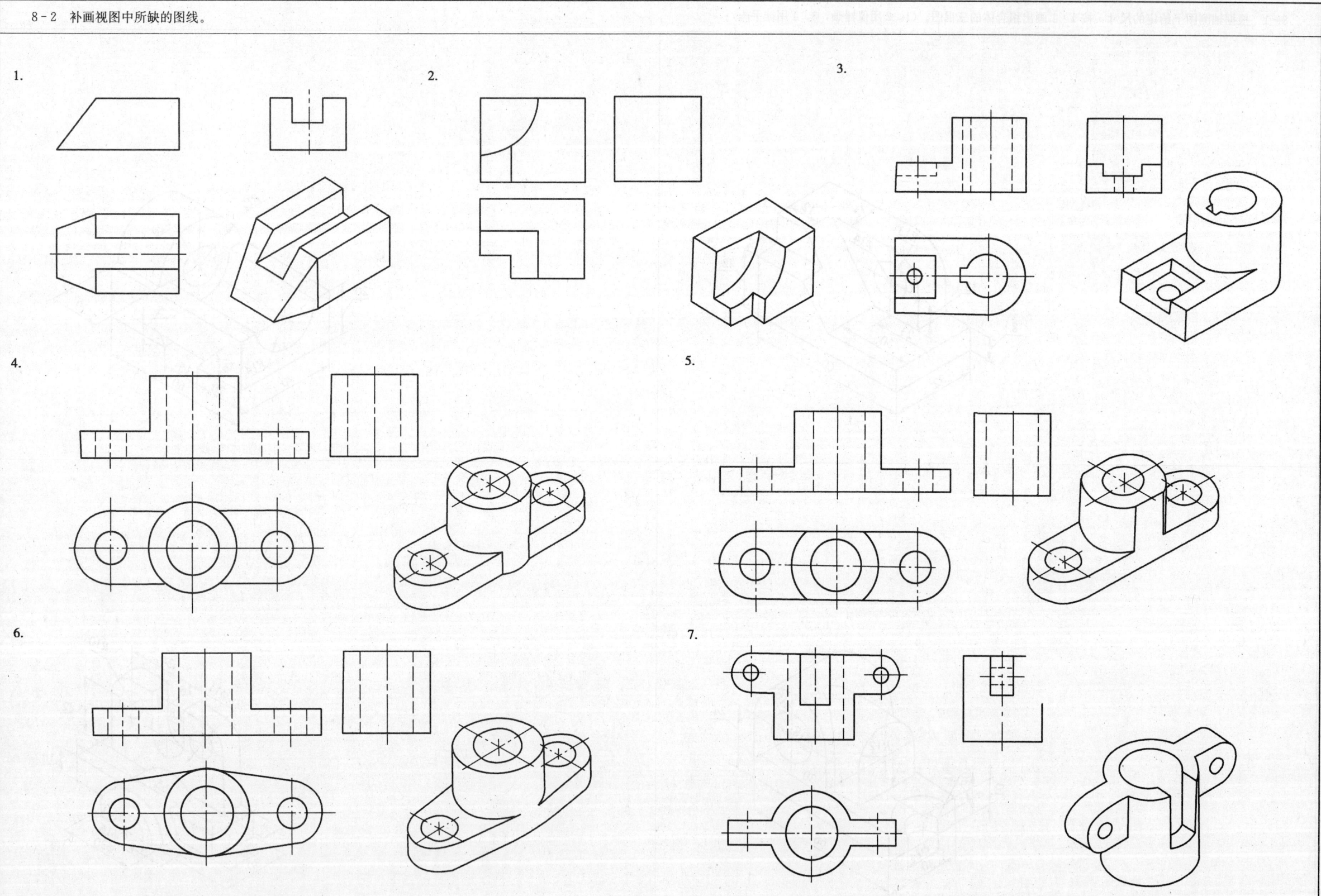

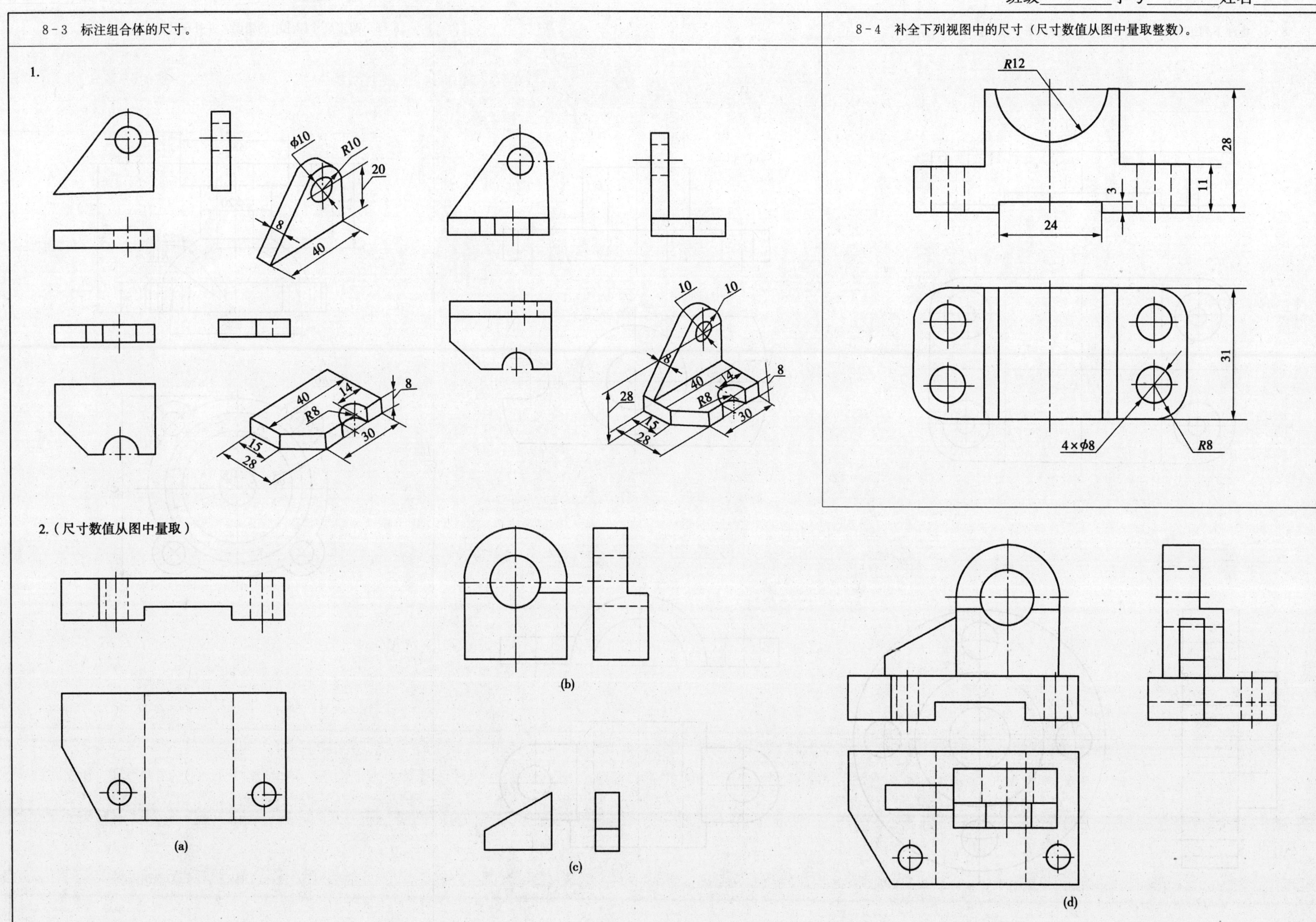

8-5 标注下列组合体的尺寸。（尺寸数值从图中量取整数）

8-6 改正尺寸标注中的错误，并补全尺寸。

1.
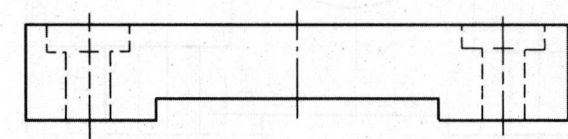
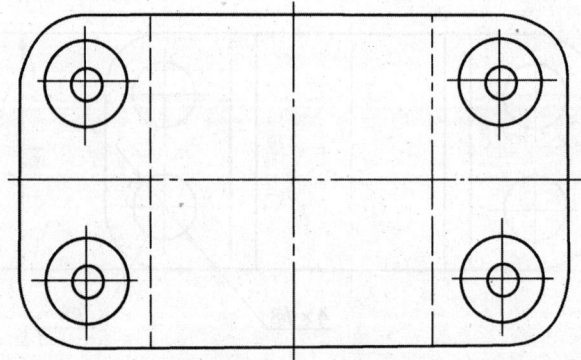

2.
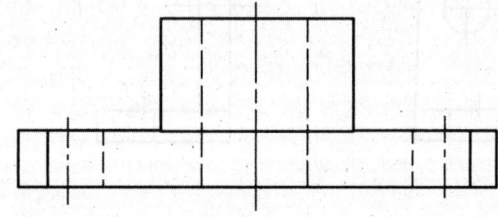
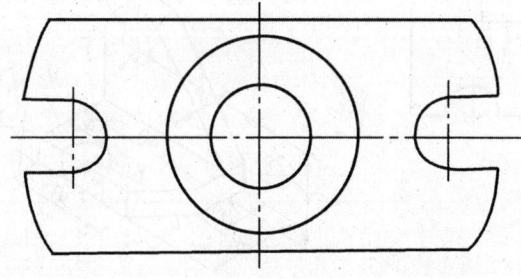

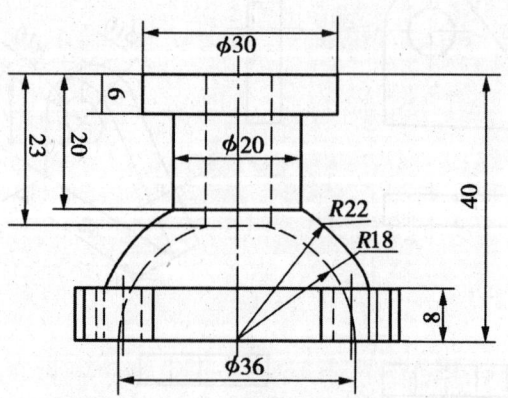

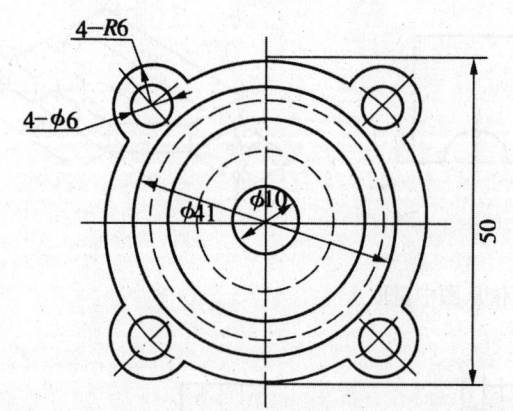

3.
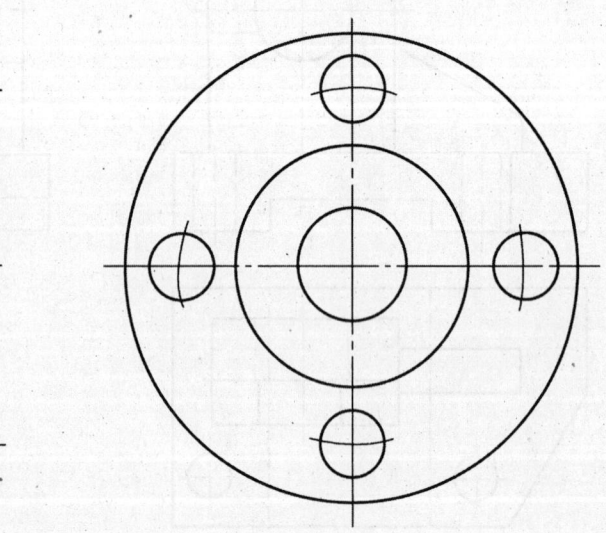

4.
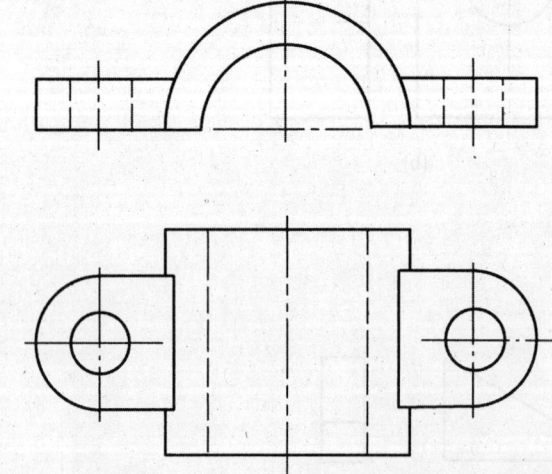

8-7 根据轴测图上所注的尺寸，按1：1画出三视图并标注尺寸。

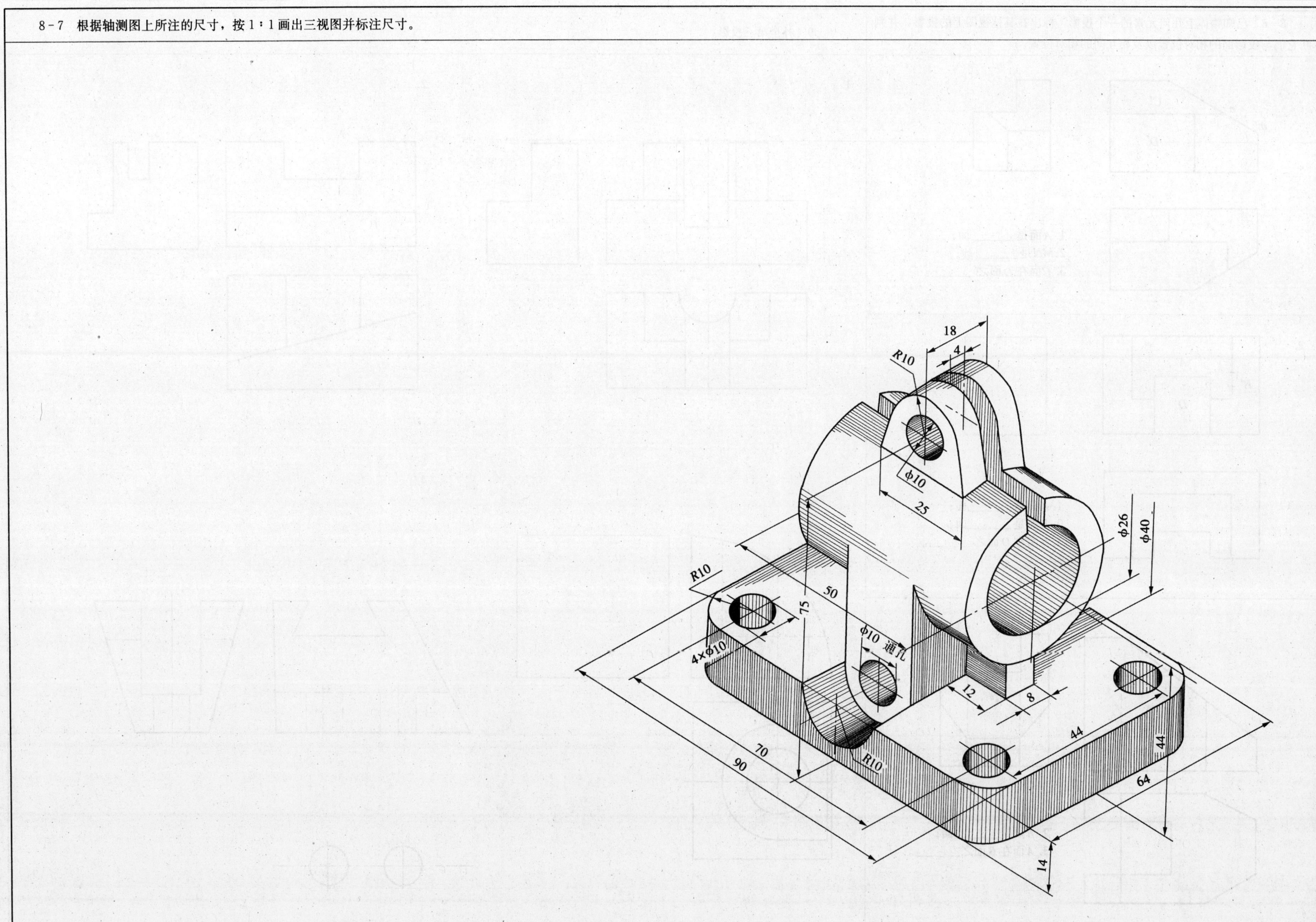

8-8 已知物体上几何元素的一个投影，标出在其他视图上的投影，并判断它们与投影面的相对位置以及相互间的相对位置。

1.
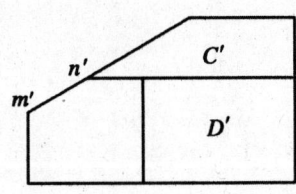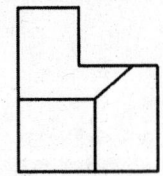

1. A面是_____面；
2. MN是_____线；
3. C面在D面之_____。

2.
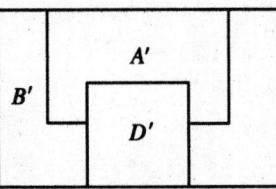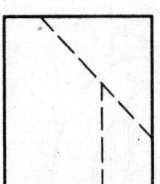

1. A面是_____面；
2. B面是_____面；
3. B面在D面之_____。

3.
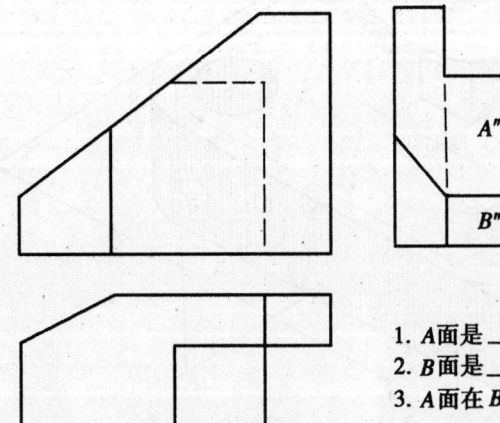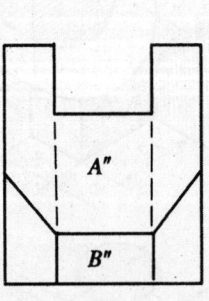

1. A面是_____面；
2. B面是_____面；
3. A面在B面之_____。

8-9 补全第三投影。

1.
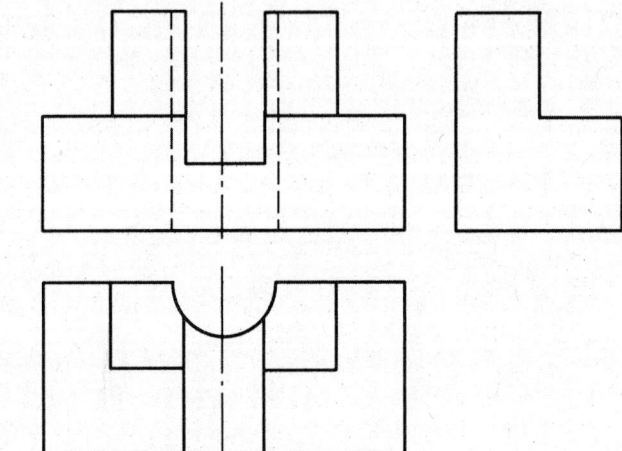

2.
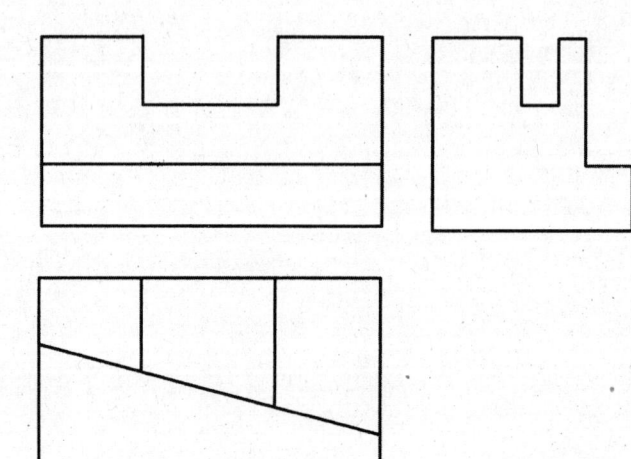

3.
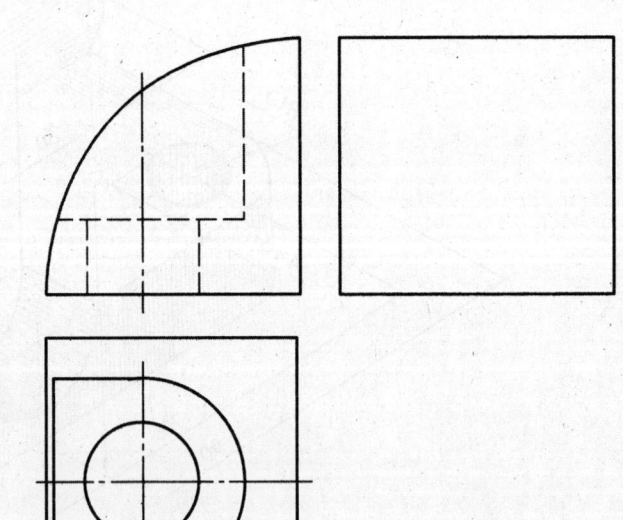

4.
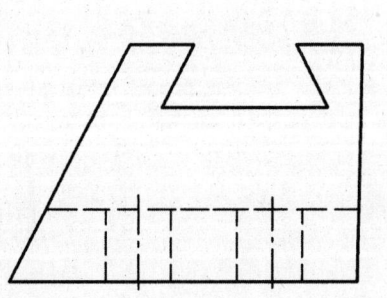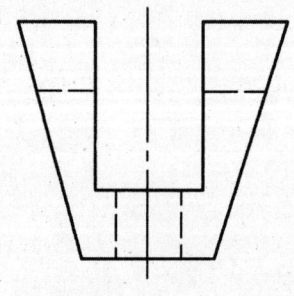
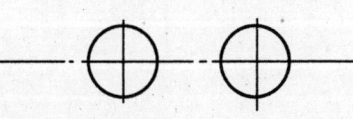

8-10 根据给定的两个视图，求作第三个视图。(选择若干个，加画轴测草图)

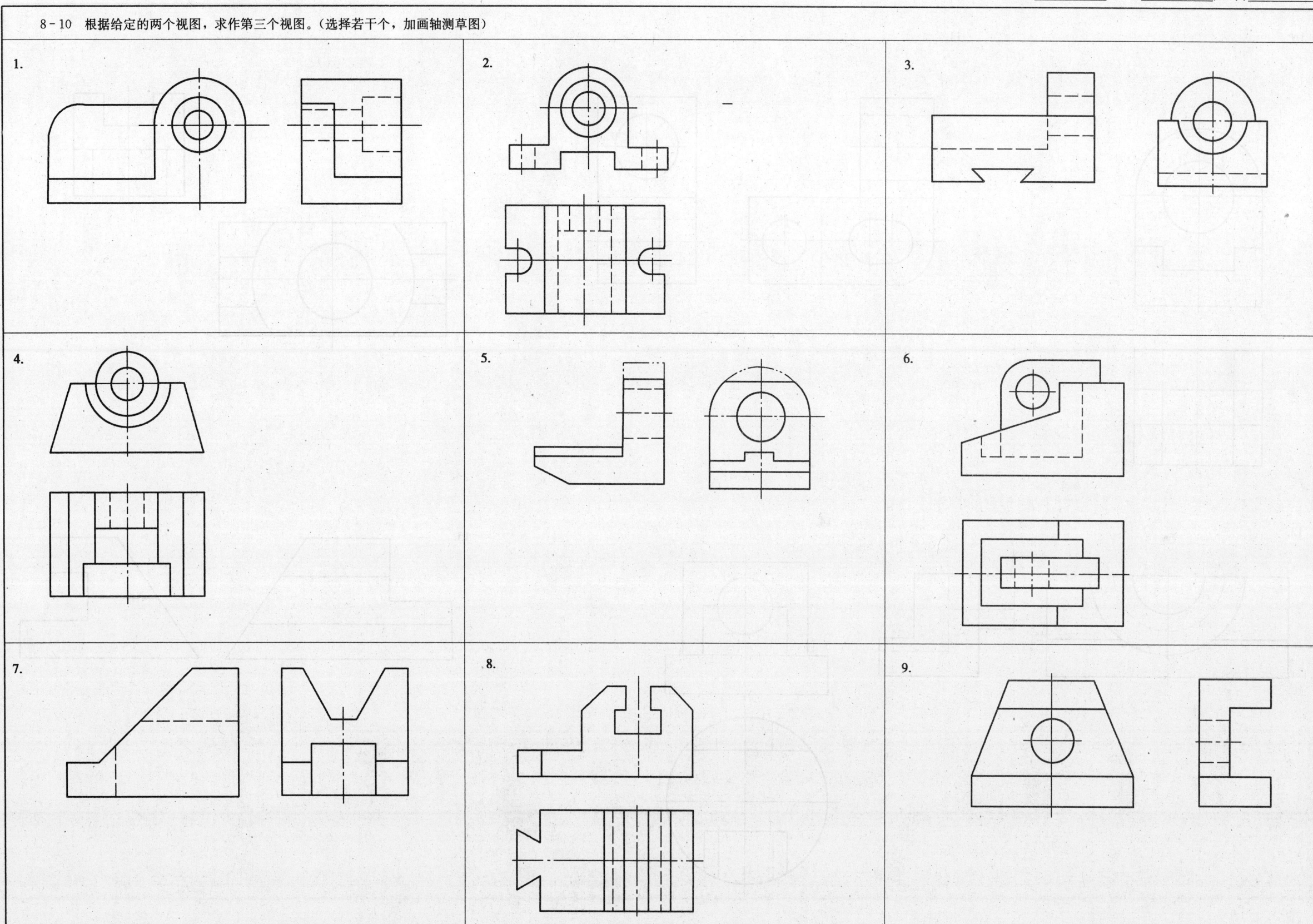

10.

11.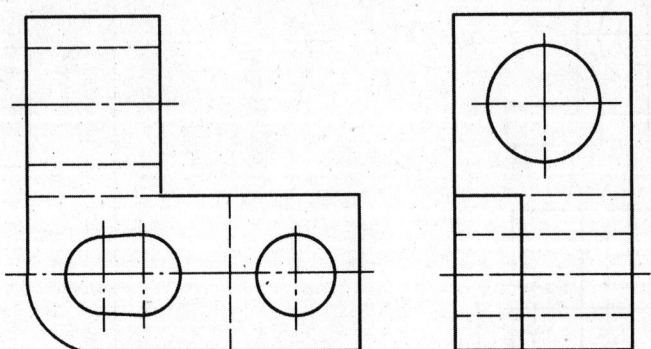

12.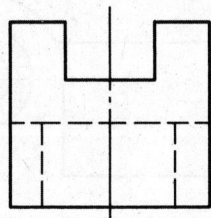

13.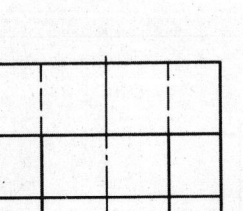

14.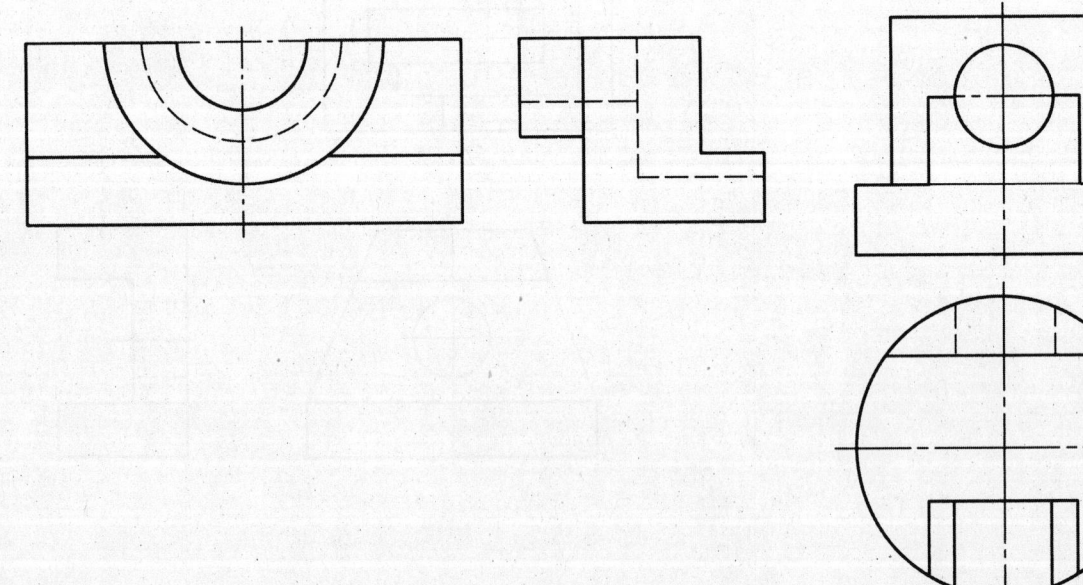

15.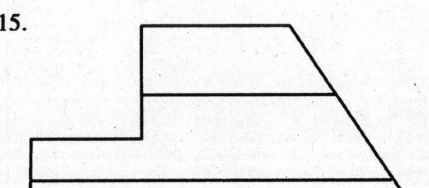

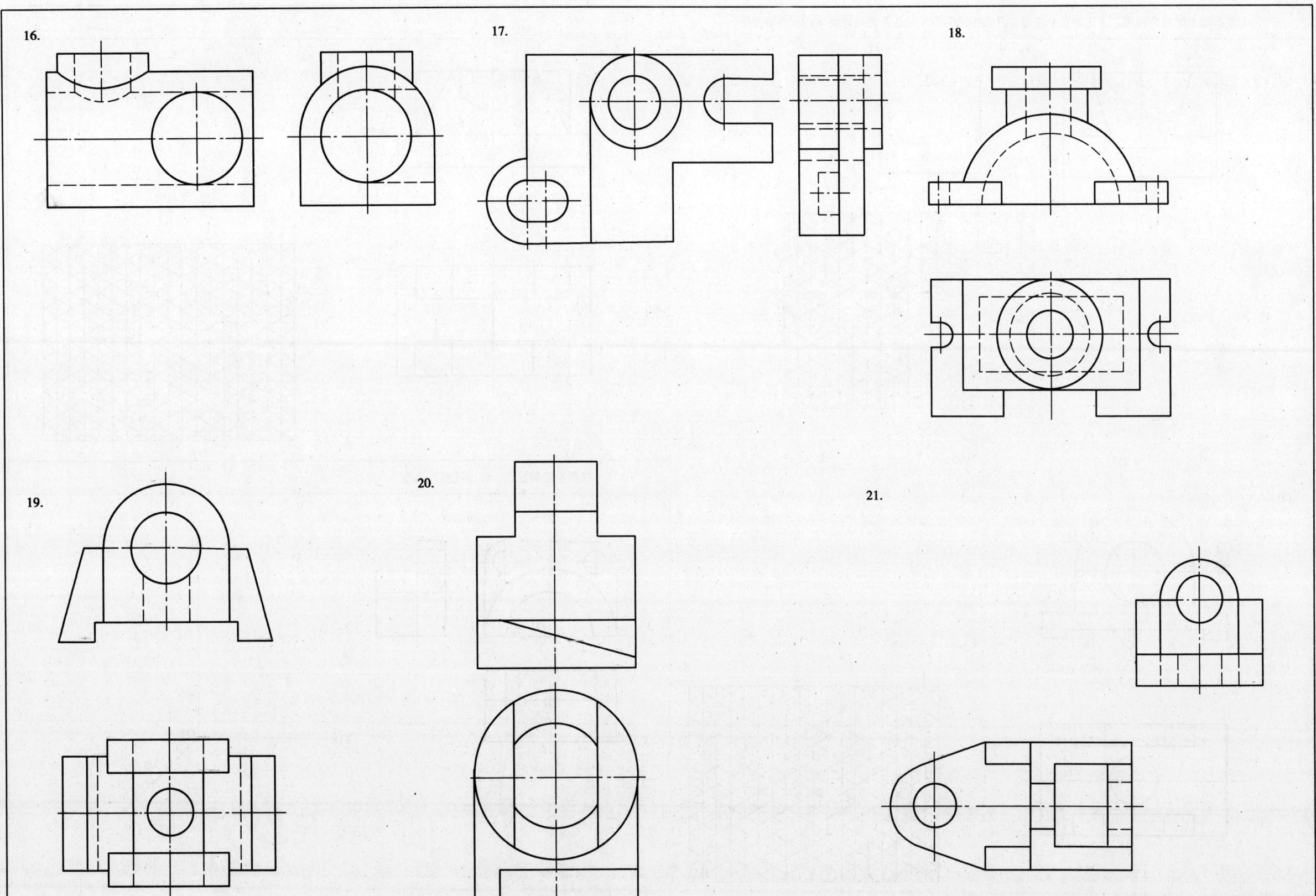

8-11 根据给定的两个视图，求出第三个视图，并在指定的格子处徒手画出该物体的正等轴测图。

(1)

(2)

(3)

8-12 根据给定的视图，作出其斜二测图。

第 9 章 机件的表达方法

9-1 视图练习。

1. 作右视图

2. 作仰视图

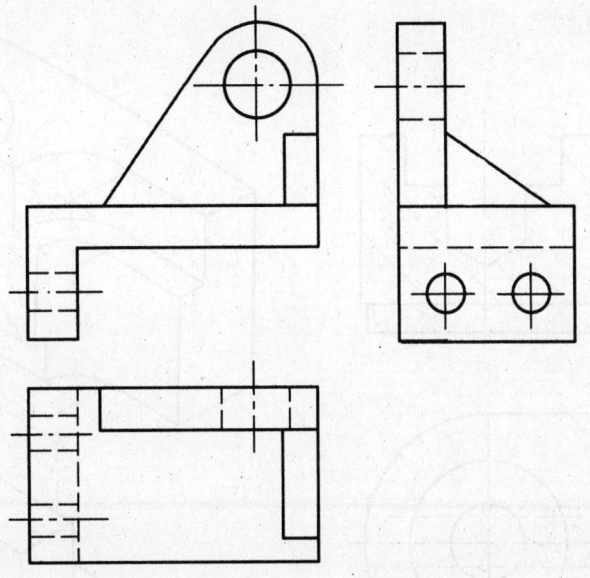
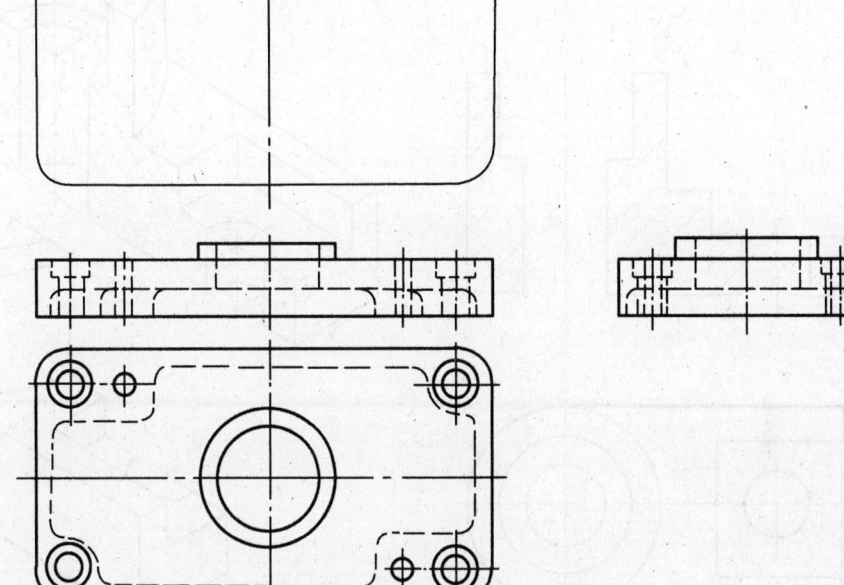

3. 在指定位置作局部视图和斜视图

4. 在指定位置作斜视图

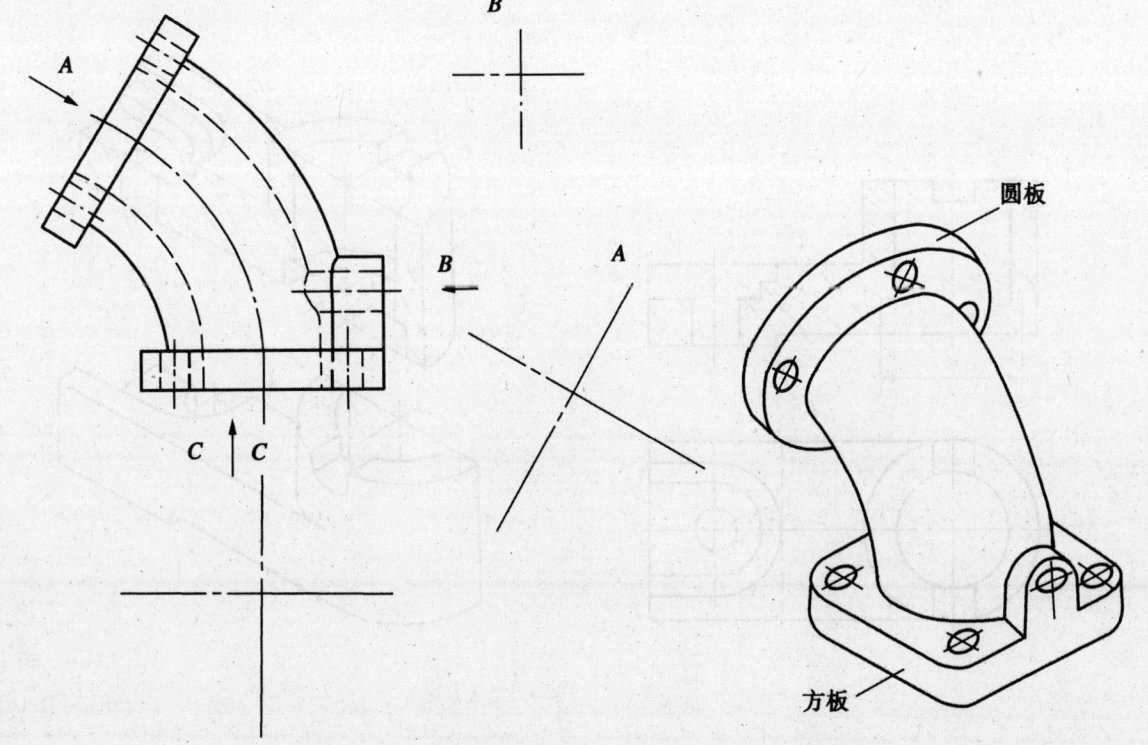
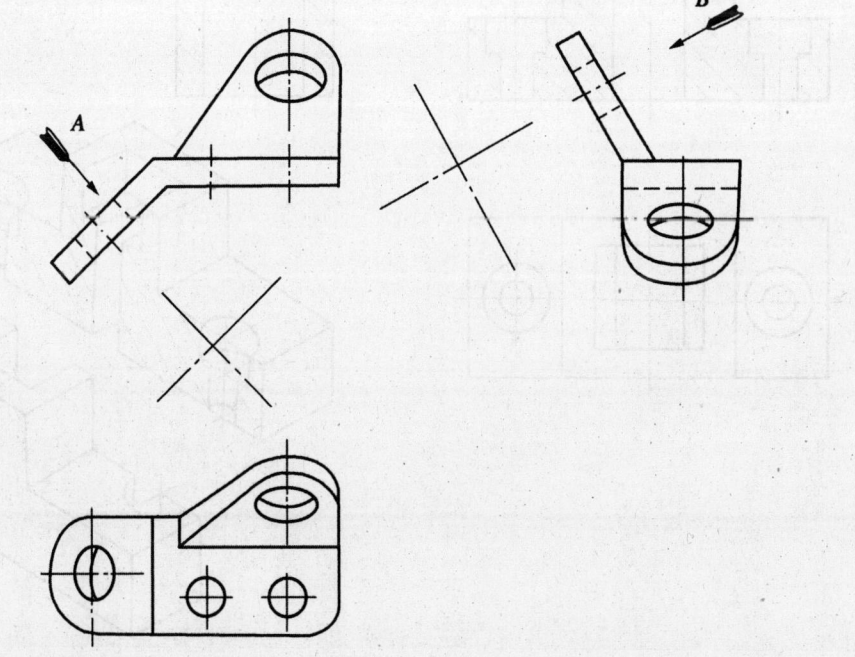

9-2 对照立体图，补画剖视图中所缺的图线。

1.

2.

3.

4.

9-3 将下列物体的主视图改为全剖视图。(直接在图上改,不要的线条打×)

1.
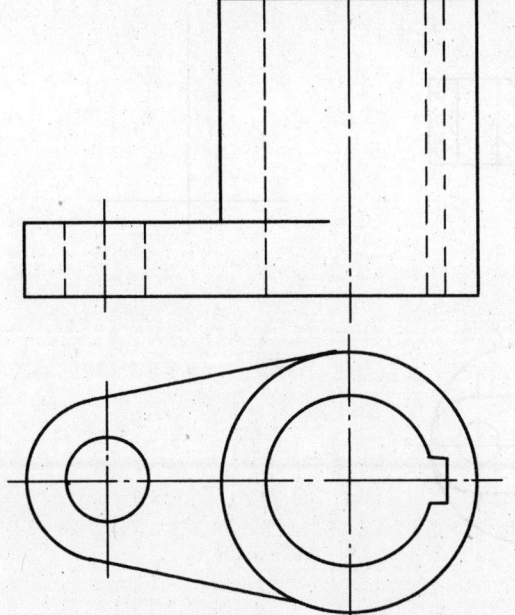

2.
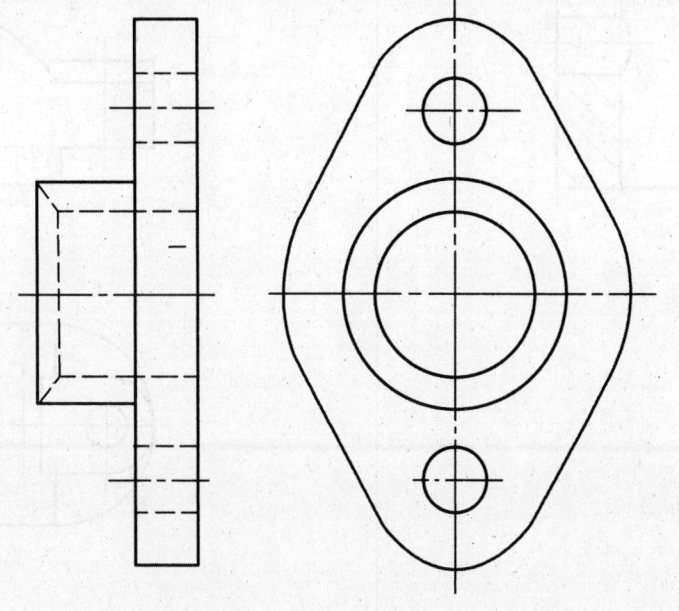

3.
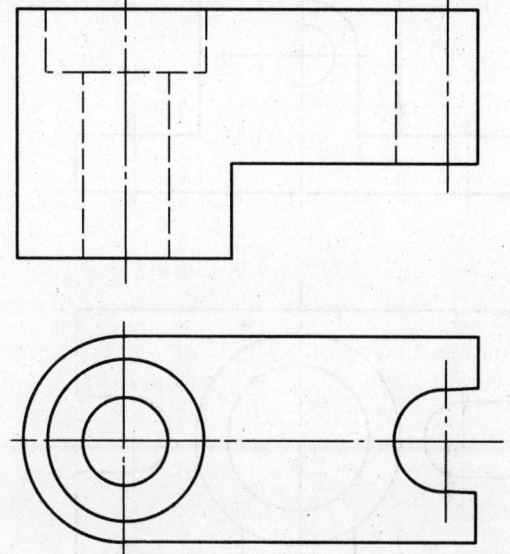

4.
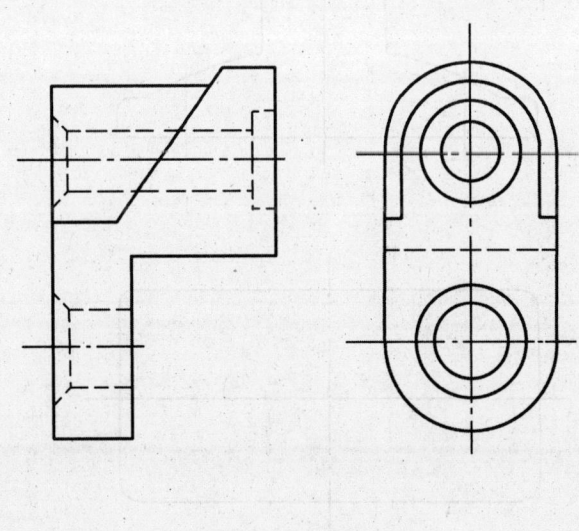

5.
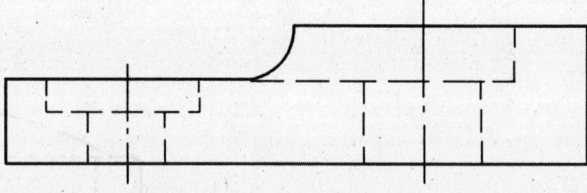
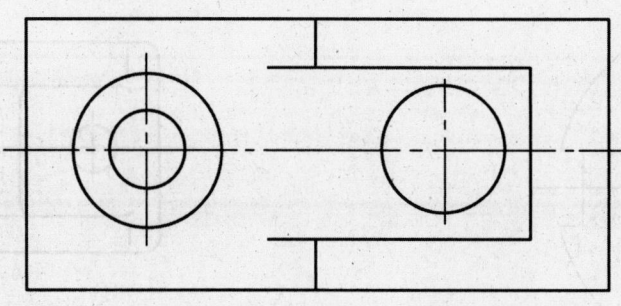

6.
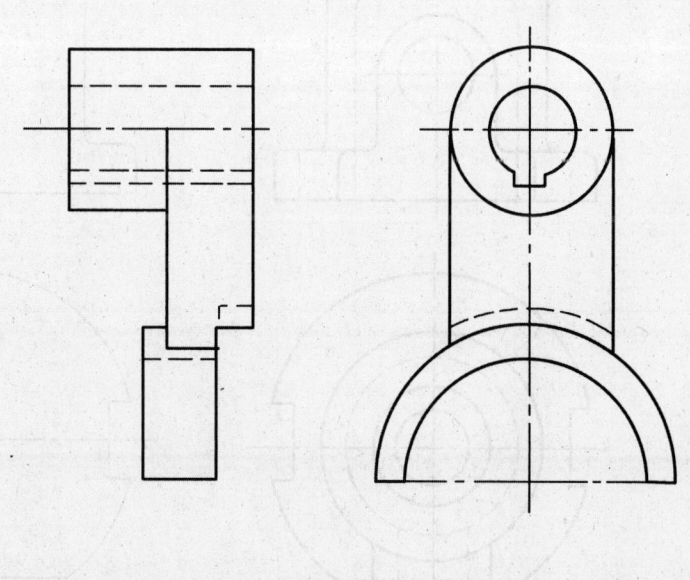

9-4 将主视图改为半剖视图。

9-5 求作半剖视的左视图。

9-6 将主、俯视图改画成半剖视图。

1.

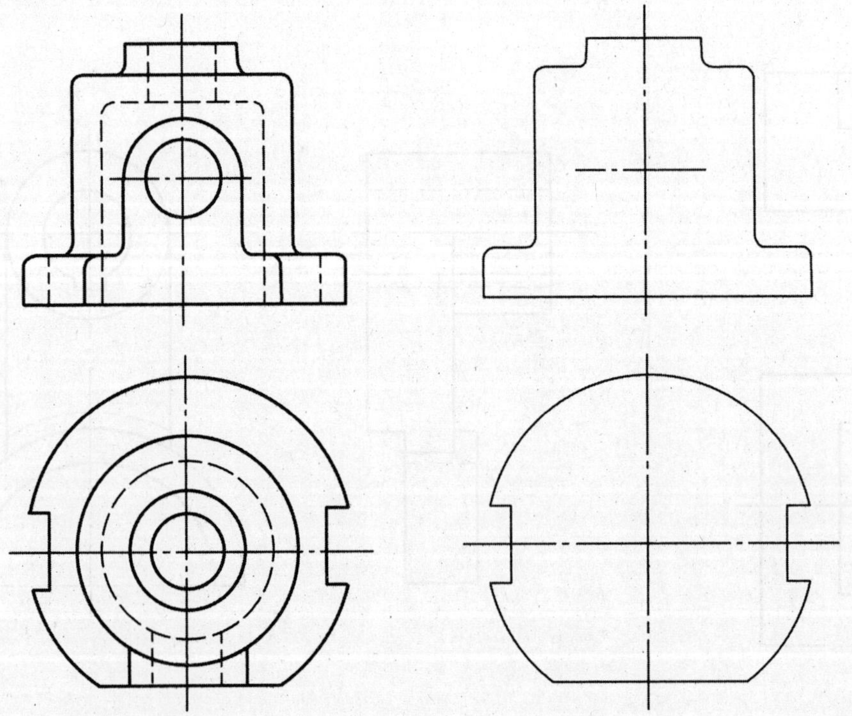

2.

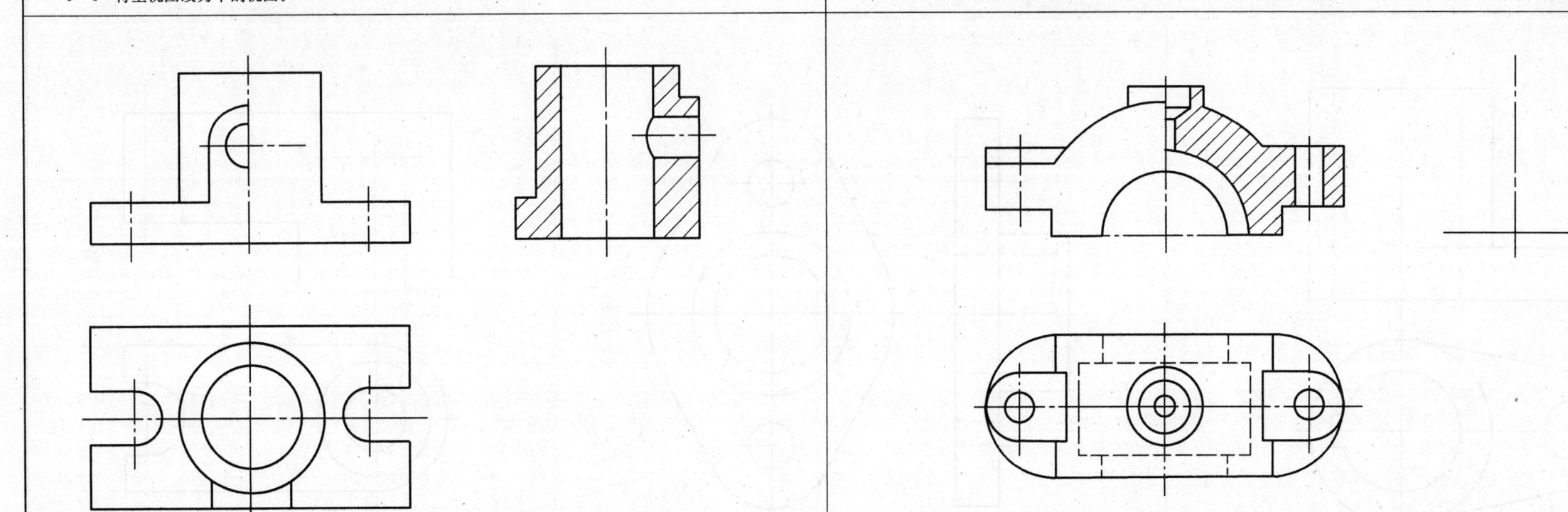

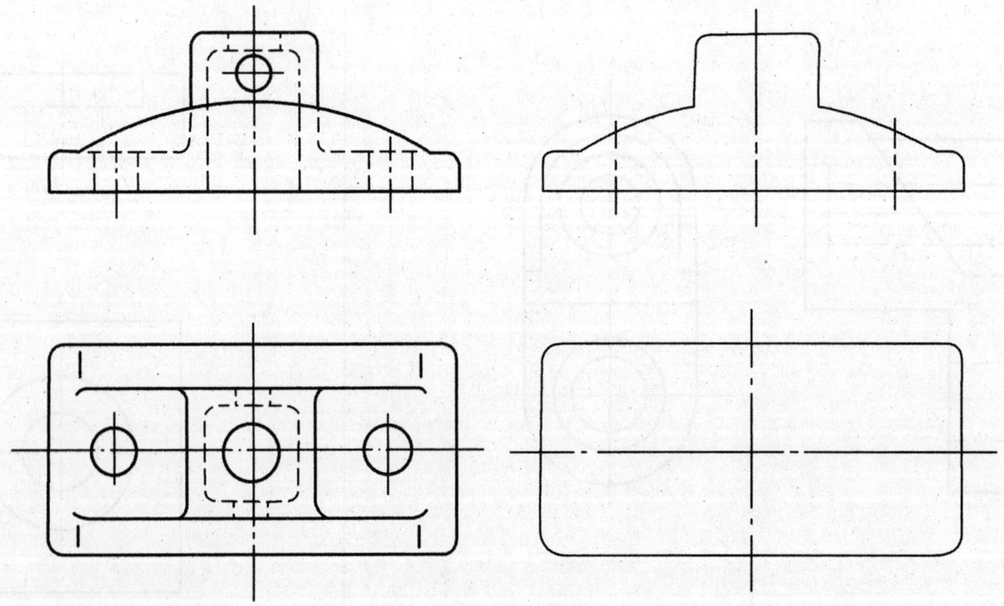

班级＿＿＿＿ 学号＿＿＿＿ 姓名＿＿＿＿

9-7 求作半剖视的左视图。

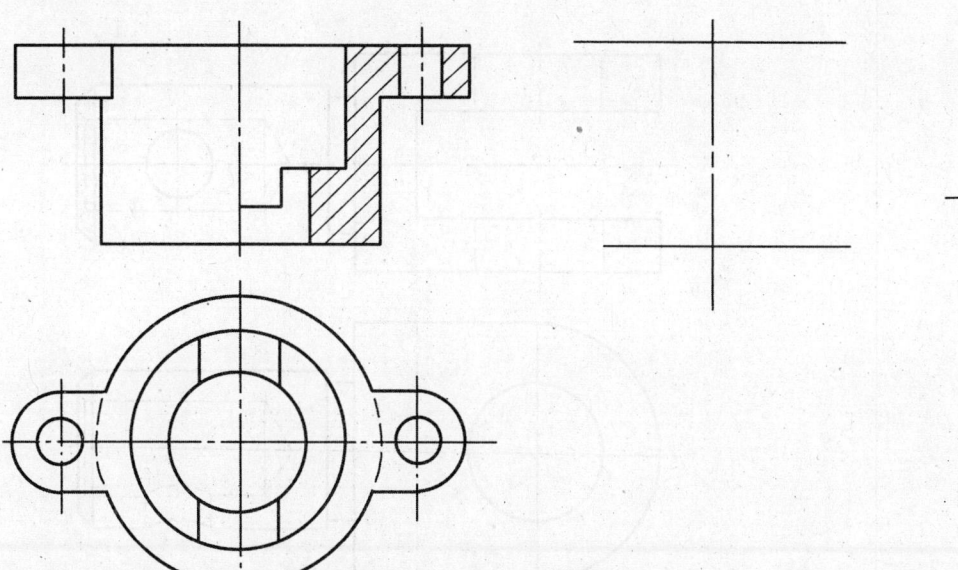

9-8 将主视图画成半剖视图，并求作全剖视的左视图。

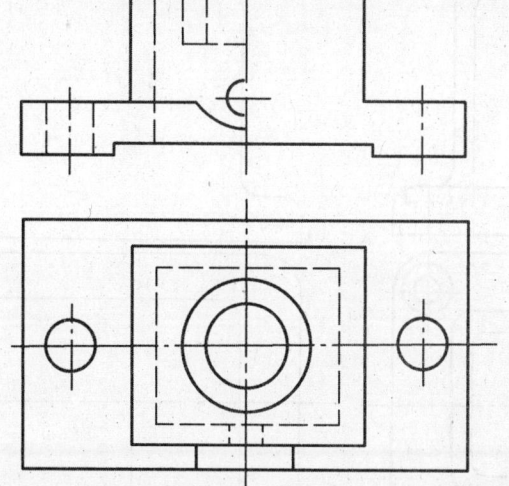

9-9 将下列物体的主视图改画成全（或半）剖视图（直接在图上改，不要的线条打×），并求作半（或全）剖视的左视图。

1.

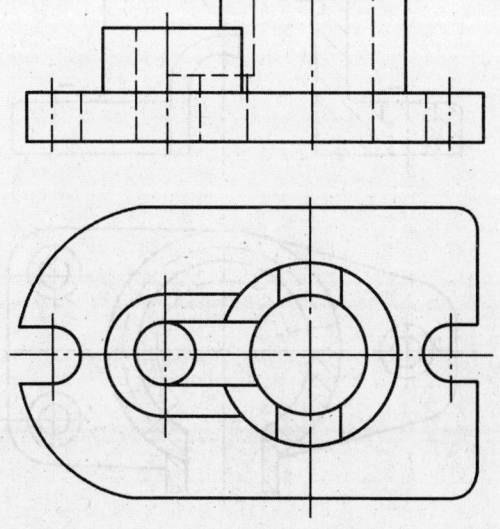

2.

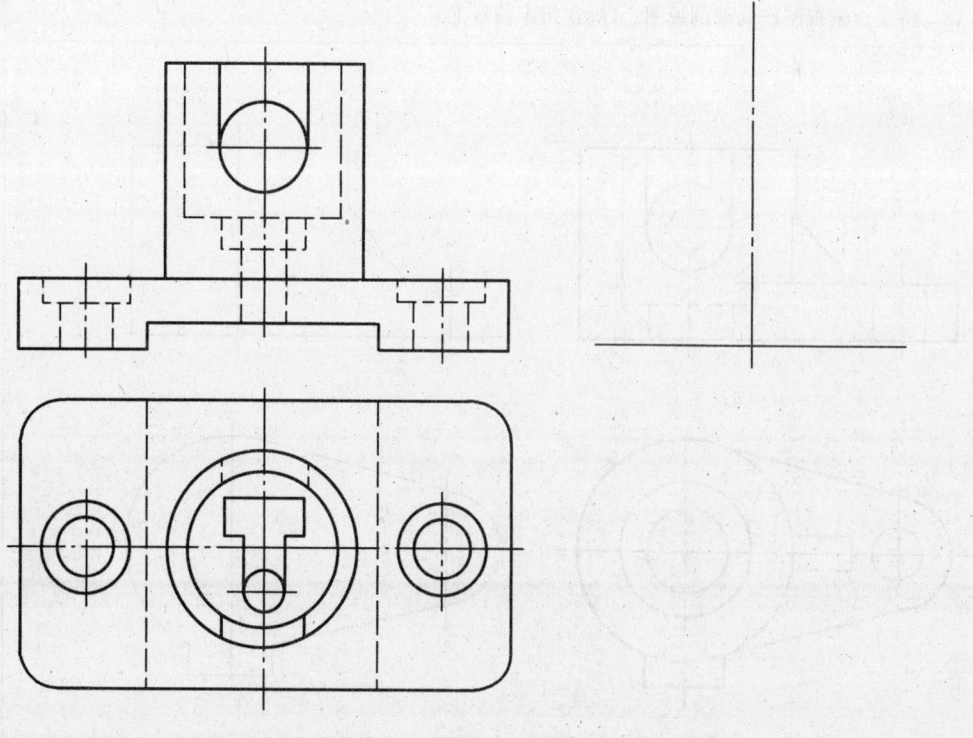

45

9-10 将主、俯视图作局部剖视图。(画在指定位置上)

9-11 直接在主、俯视图上作局部剖视图。

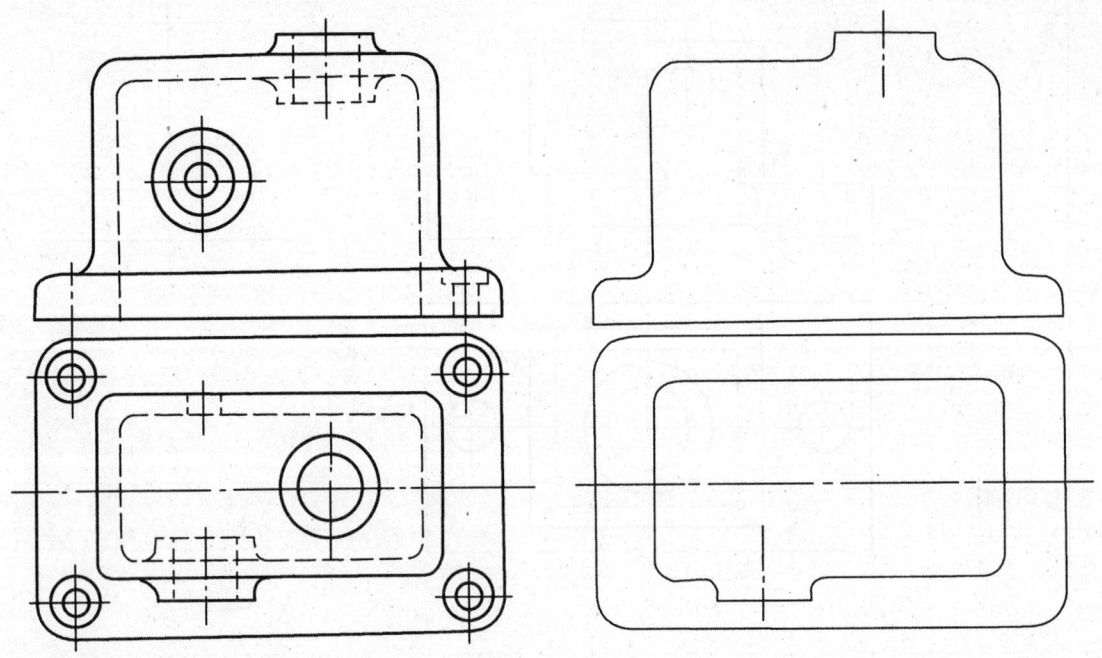

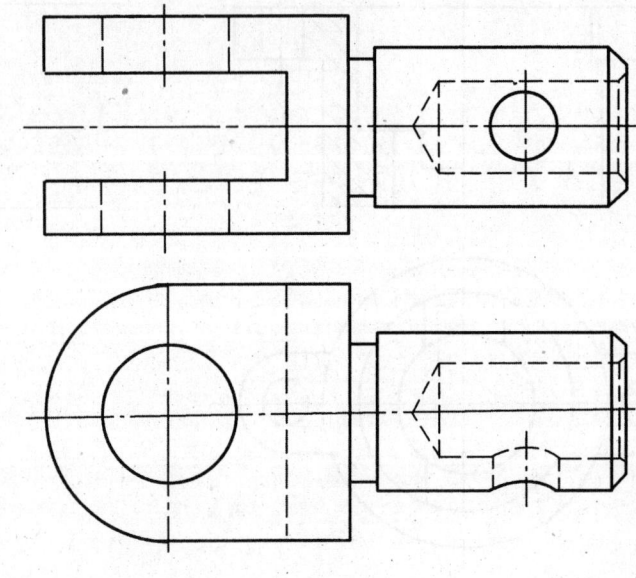

9-12 将主、俯视图作局部剖视图。(画在指定位置上)

9-13 看懂(1)图,改正(2)图中剖视画法的错误。

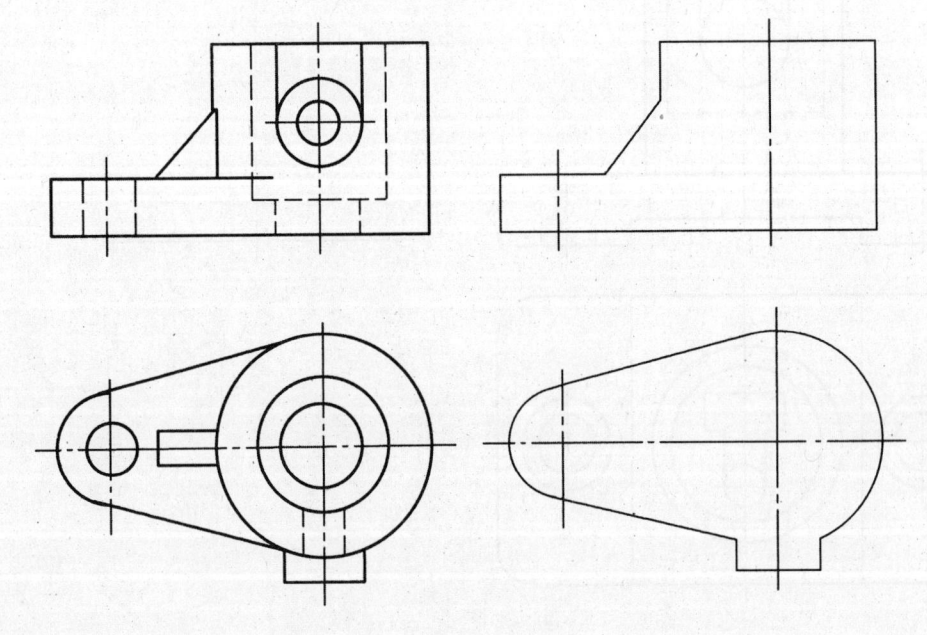

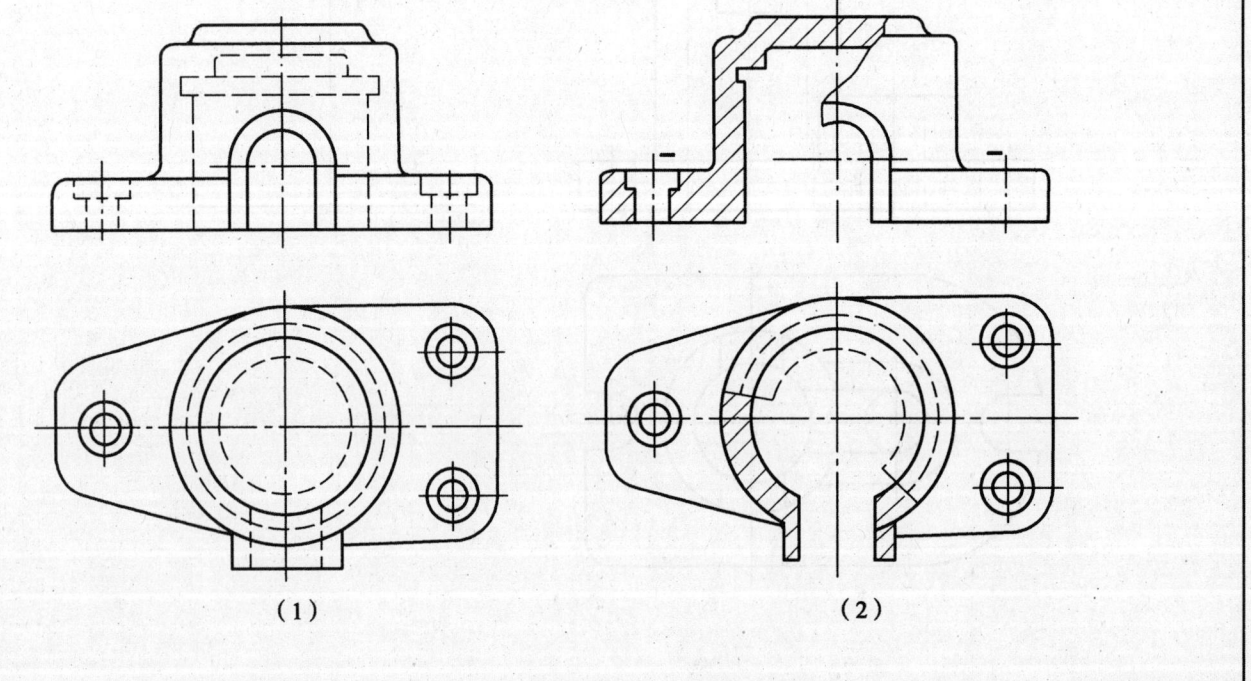

(1)   (2)

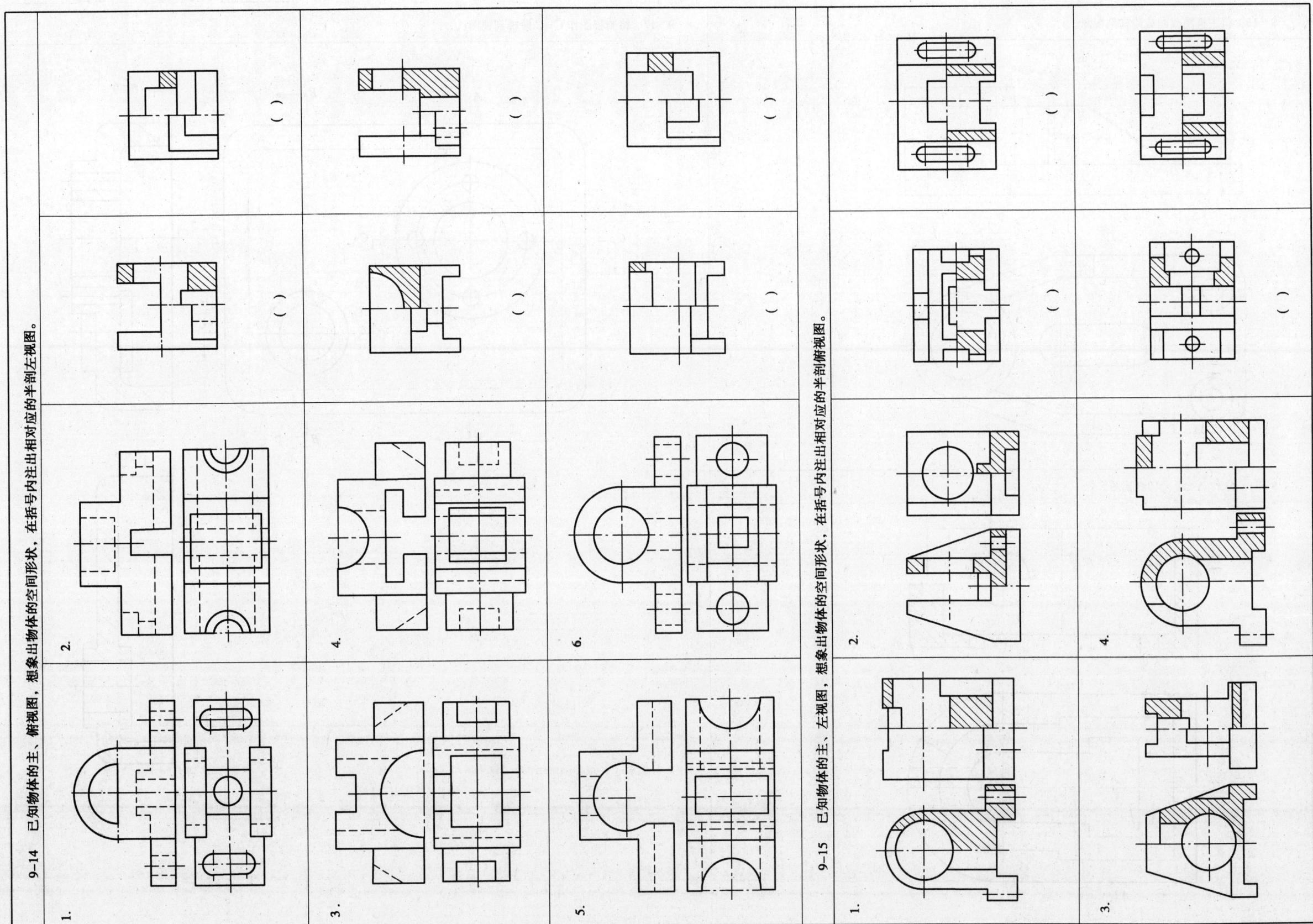

9-16 将主视图改画成阶梯剖视图。

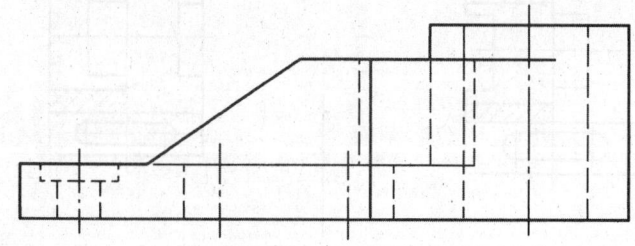

9-17 将俯视图作 C-C 阶梯剖视图。

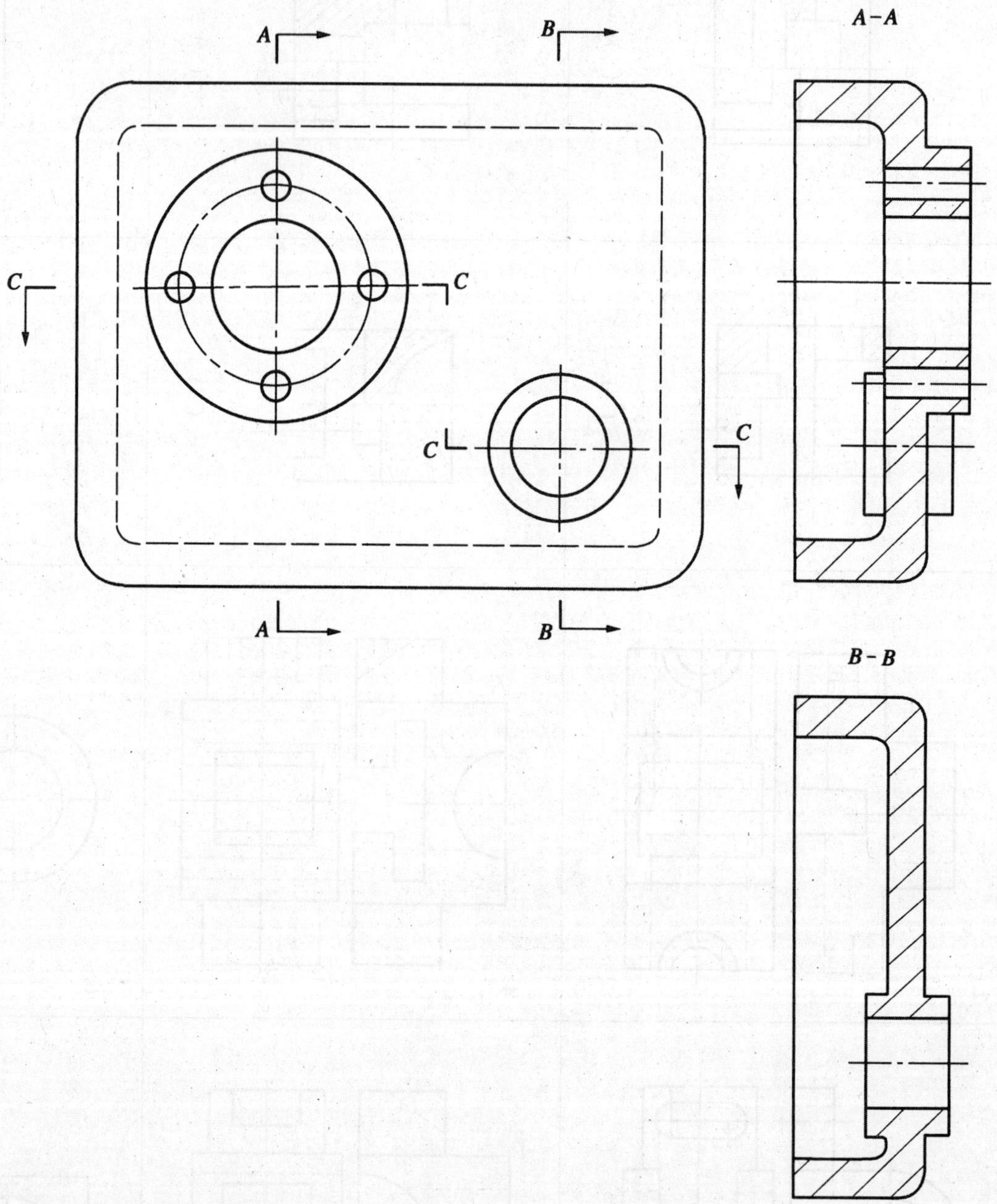

9-18 求作 A-A 阶梯剖视图。

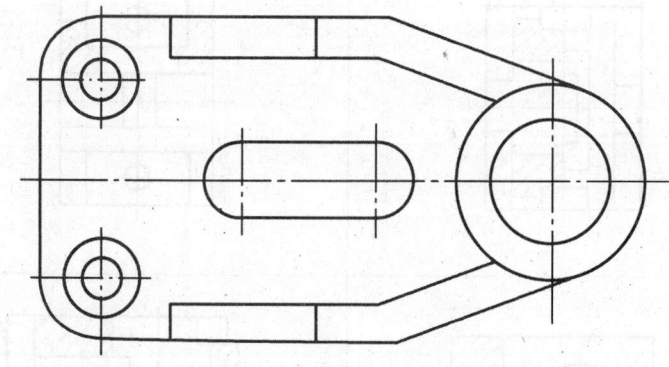

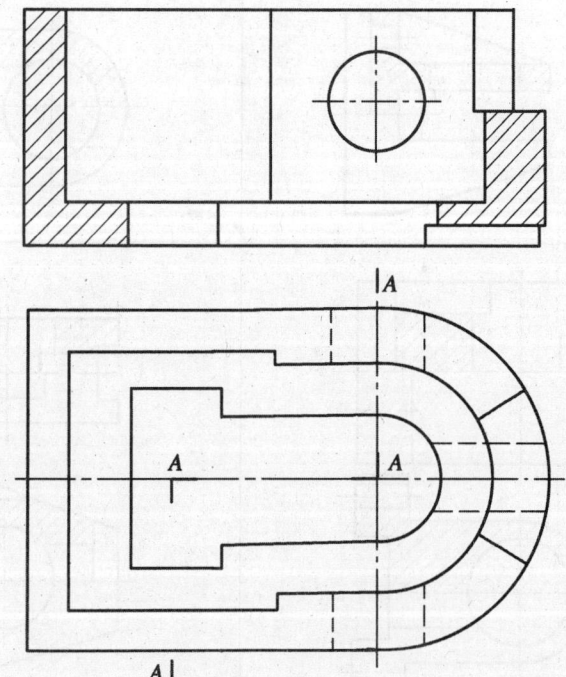

9-19 将主视图改画成旋转剖视图。

1.

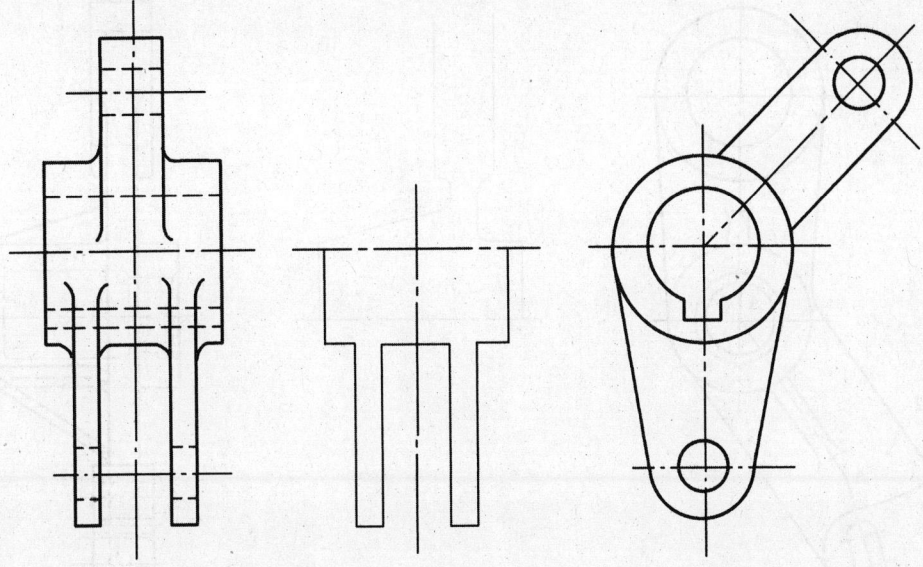

2.

3.

A—A

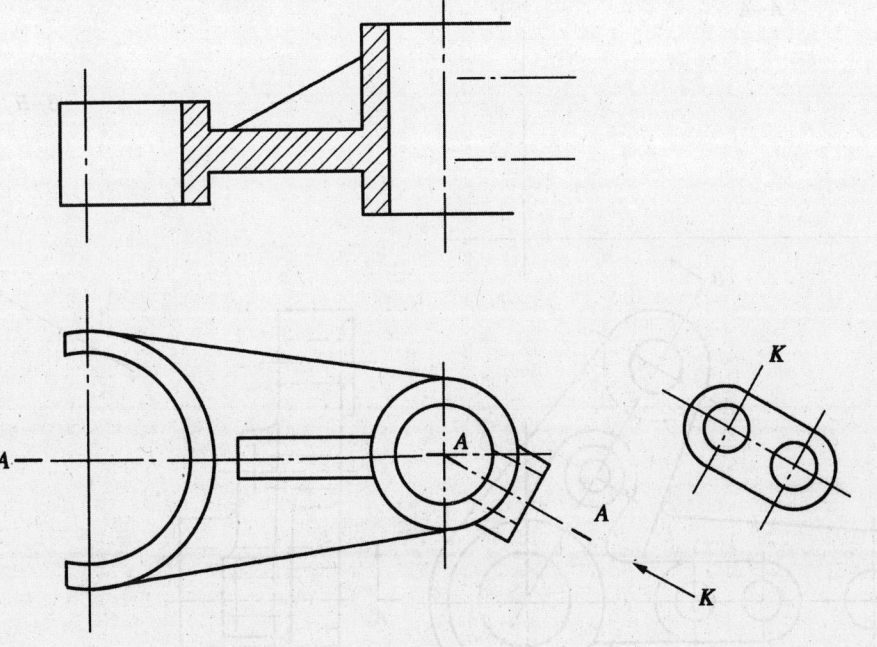

4.

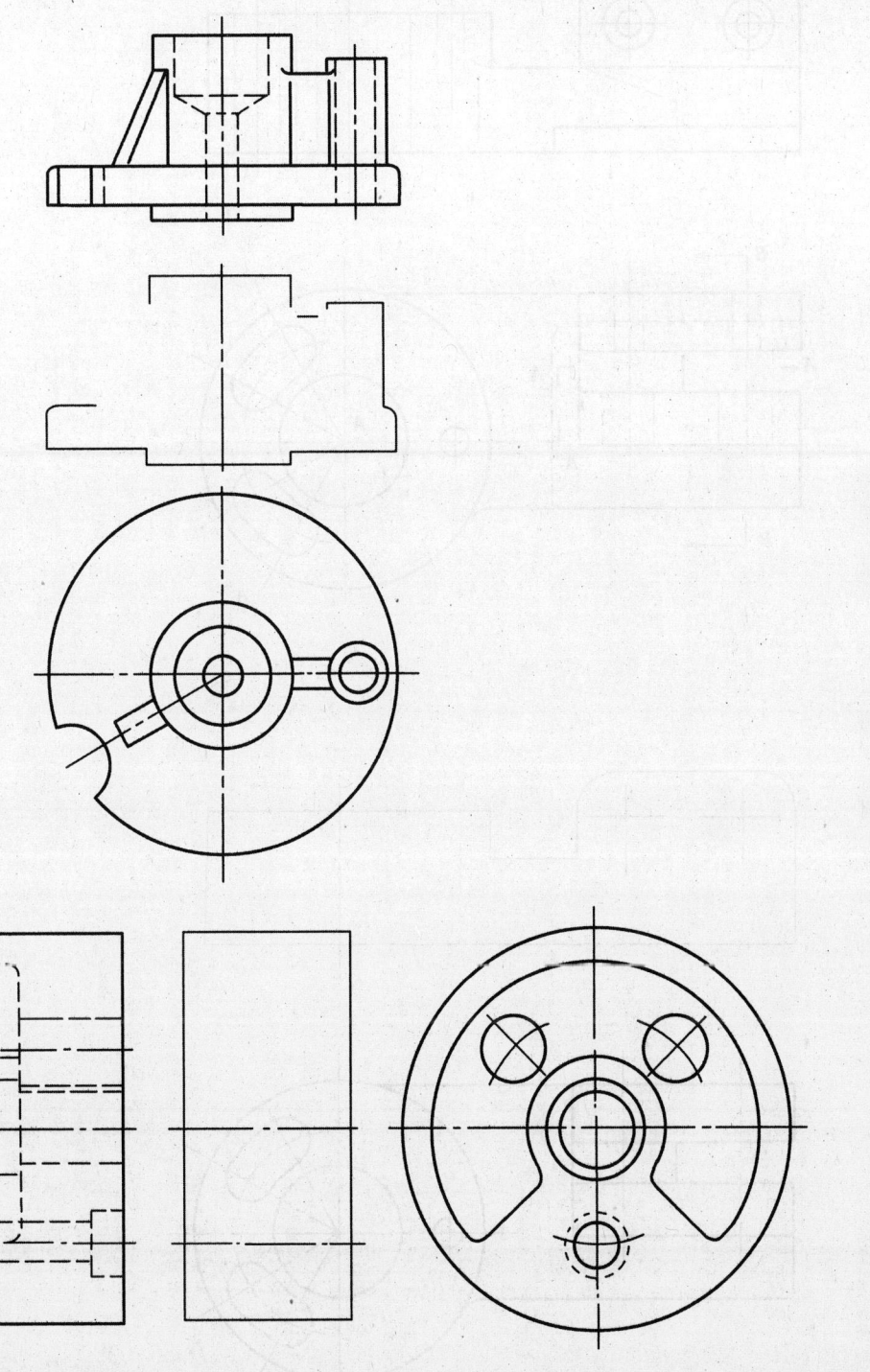

9-20 在指定位置作 A-A 复合剖视图，并求 B-B 全剖视图。

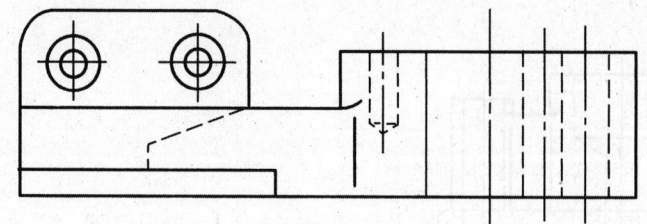
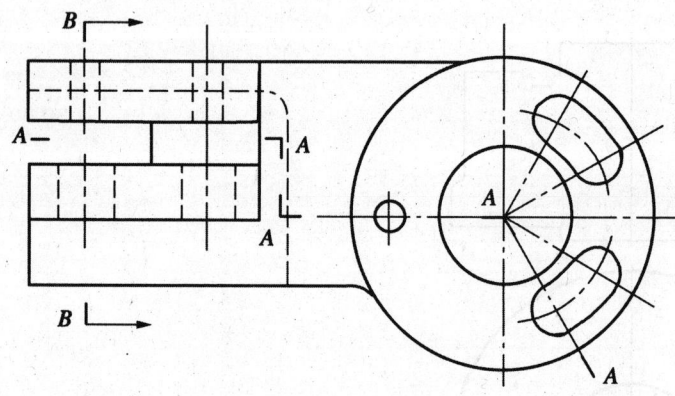
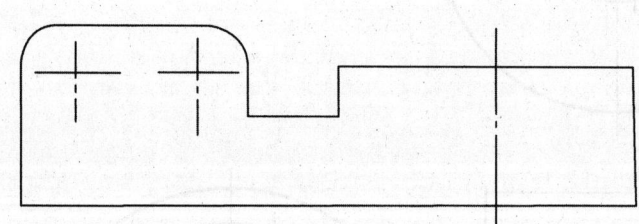
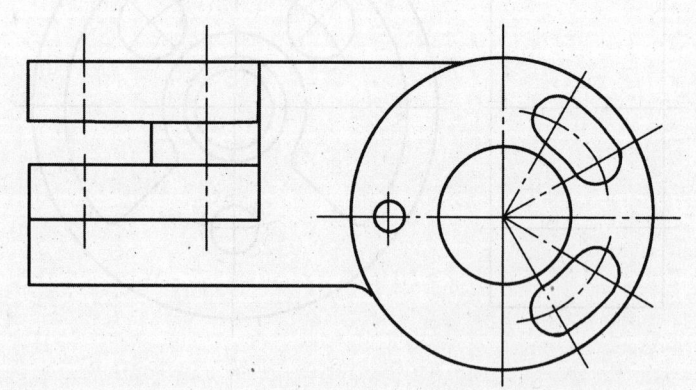

9-21 在指定位置作 A-A 复合剖视图。

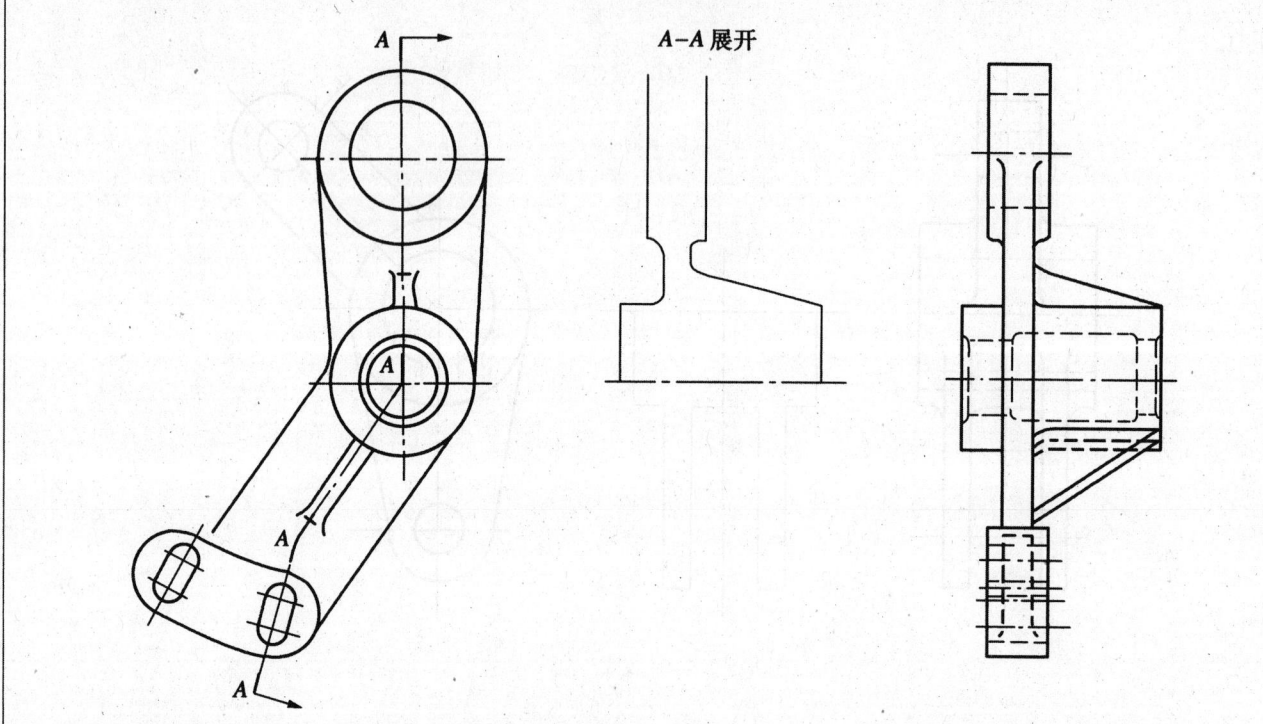

9-22 在指定位置作 A-A 全剖视图与 B-B 斜剖视图。

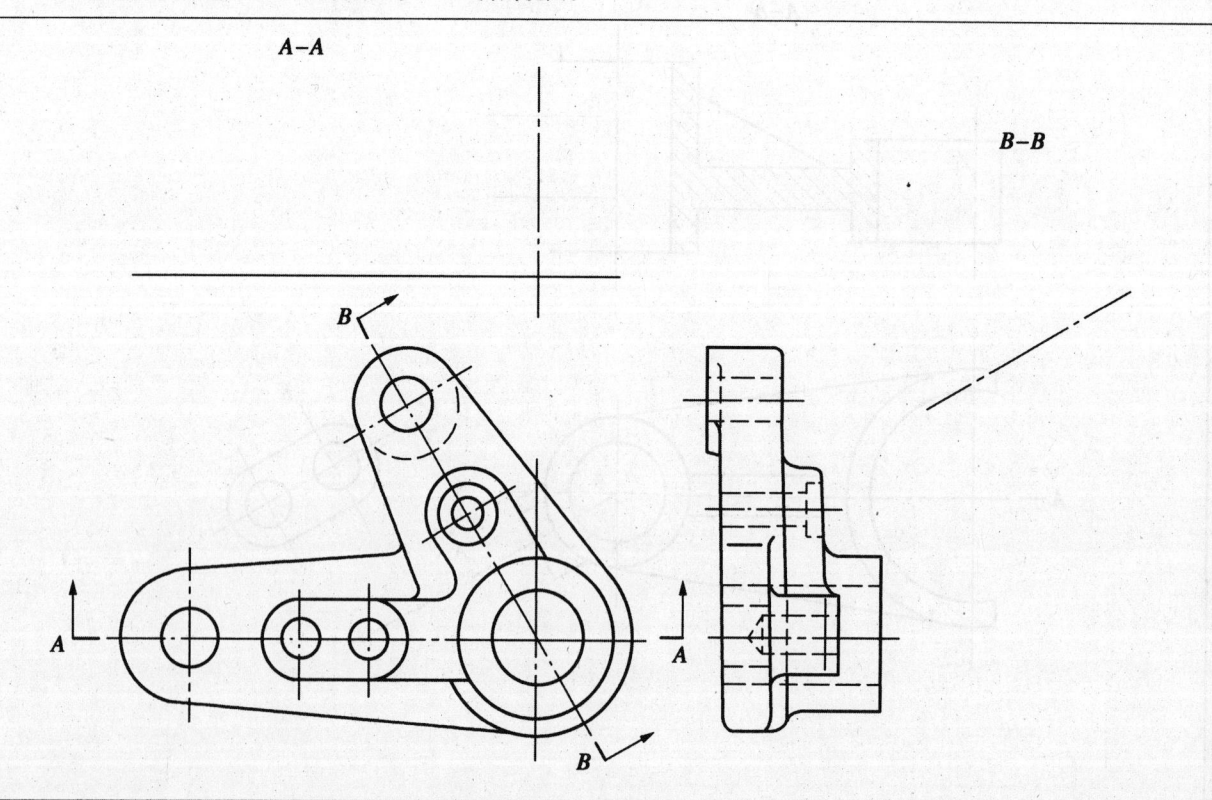

班级_____ 学号_____ 姓名_____

9-23 作指定位置的移出断面图。

1.

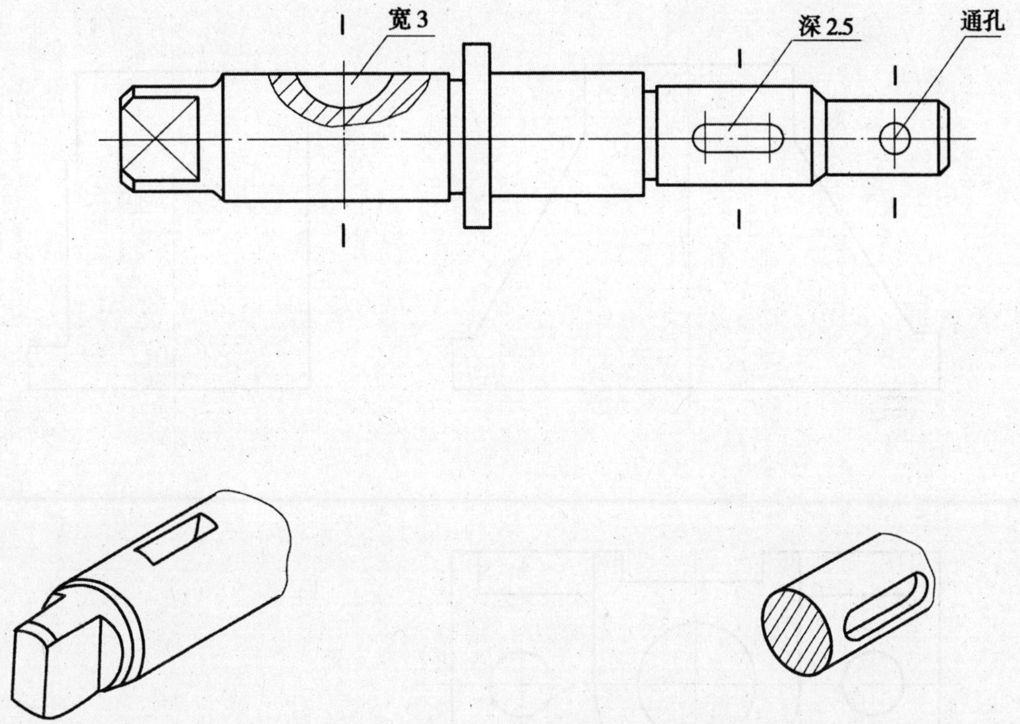

2.

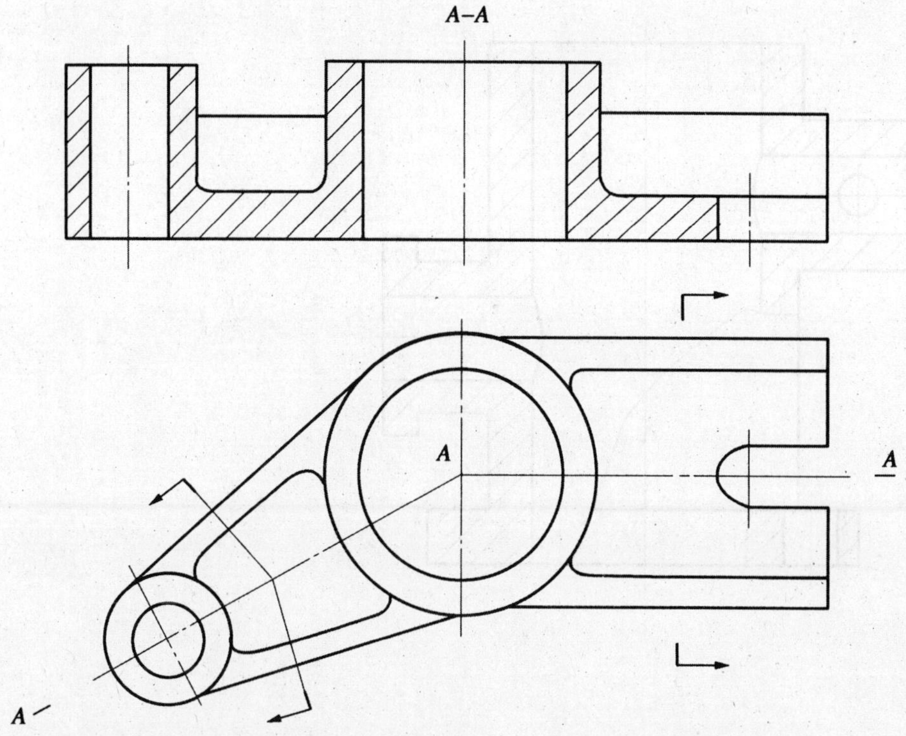

3.

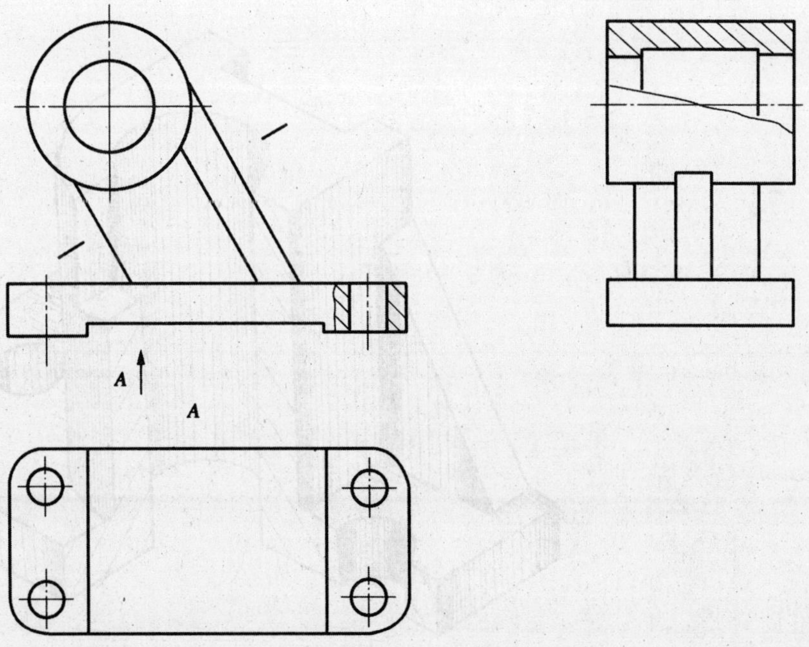

9-24 判断下列四组不同的移出断面的正确画法。

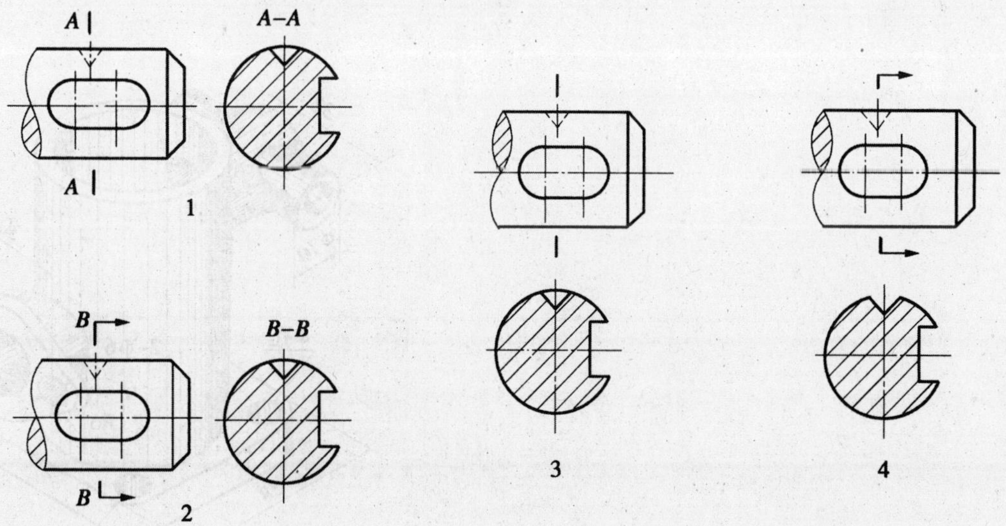

画得正确的是（　）

51

9-25 参照轴测图，采用适当的表达方法，将机件的内外结构表达清楚。

1.

2.

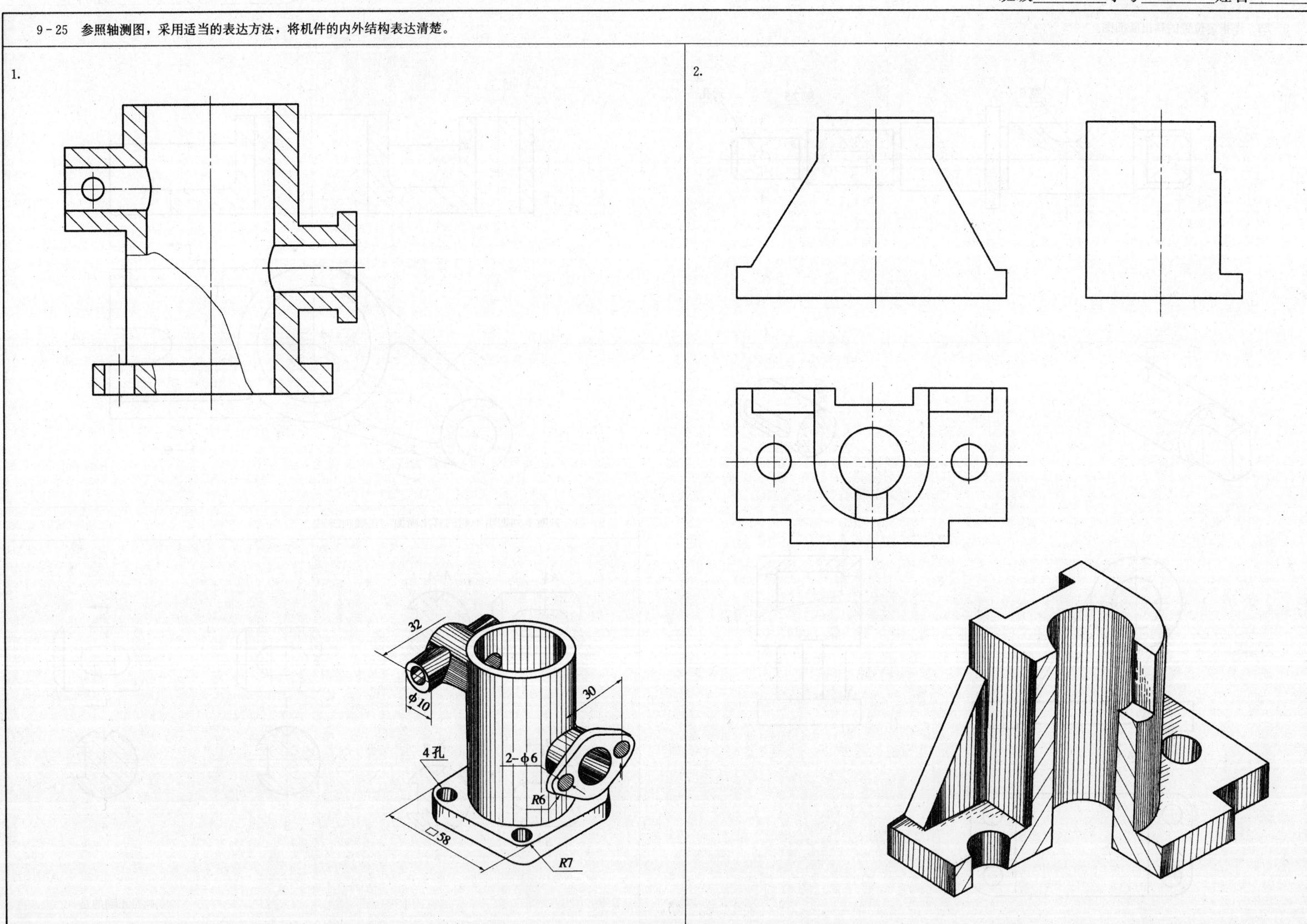

9-26 将下图所示物体作适当的剖视。(画在指定位置上)

9-27 选择恰当的表达方案,将下列机件表达清楚,用A3图纸按1∶1画图并标注尺寸。

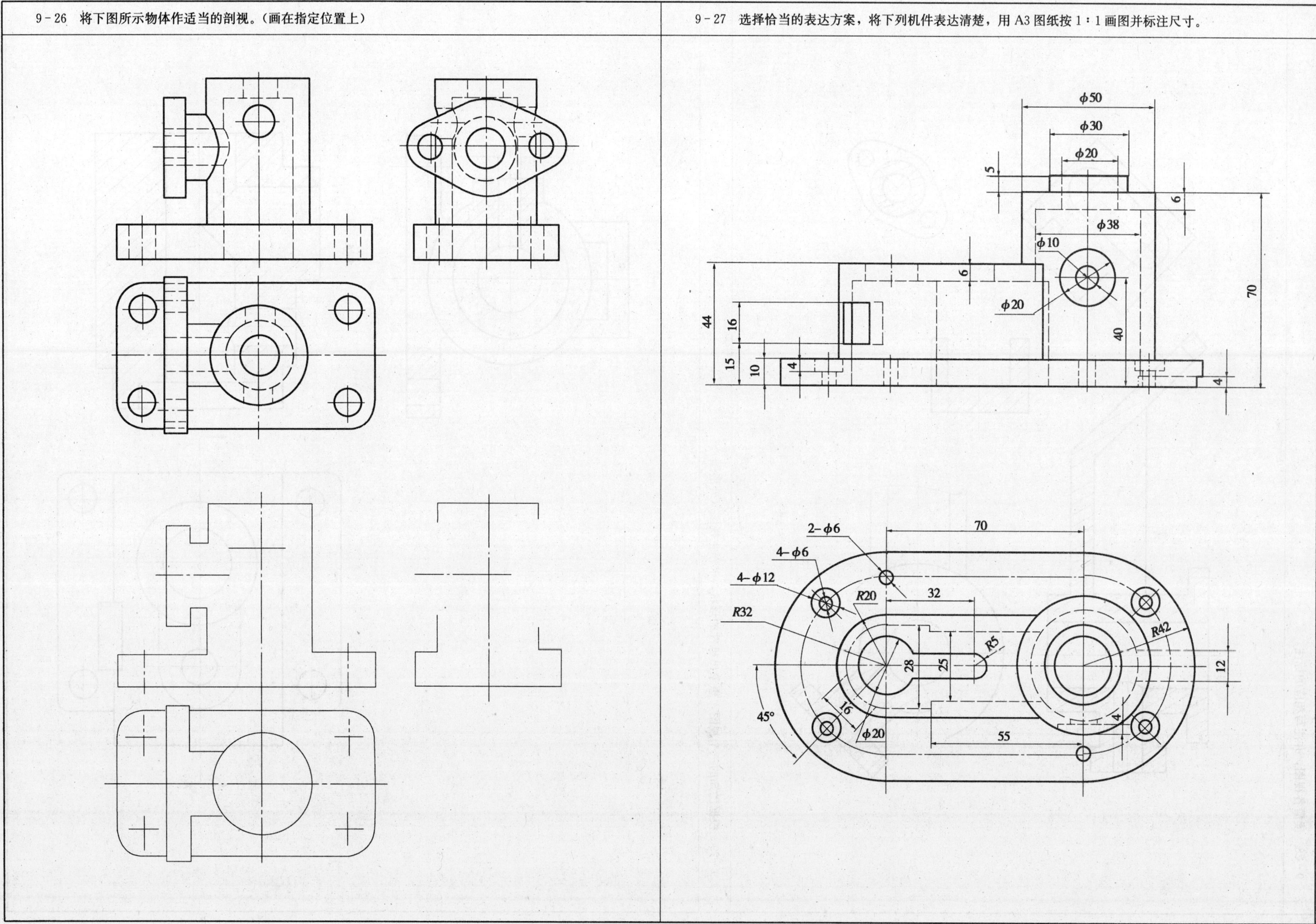

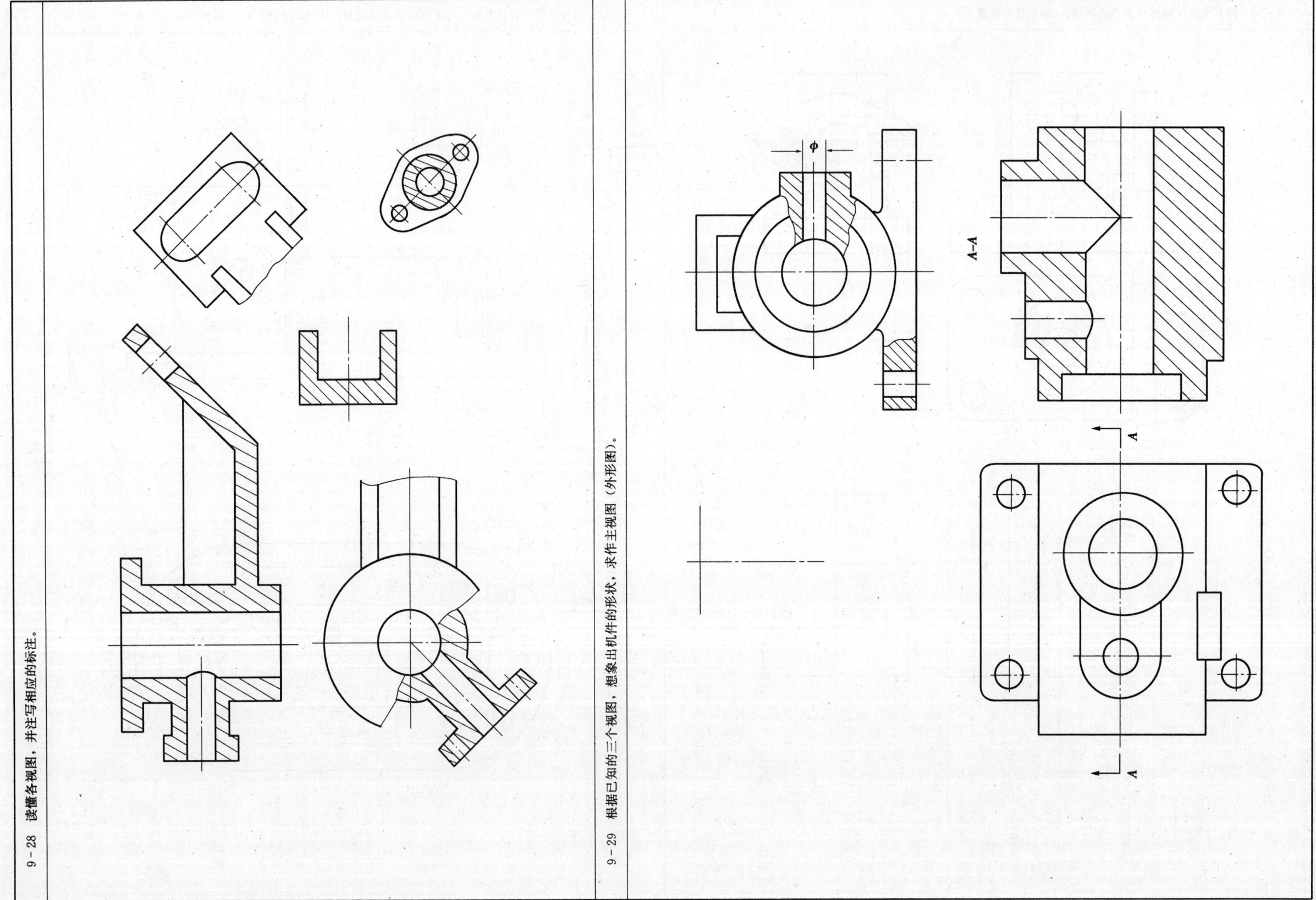

9-30 根据轴测图，目测比例徒手画出机件的视图，并作剖视处理。

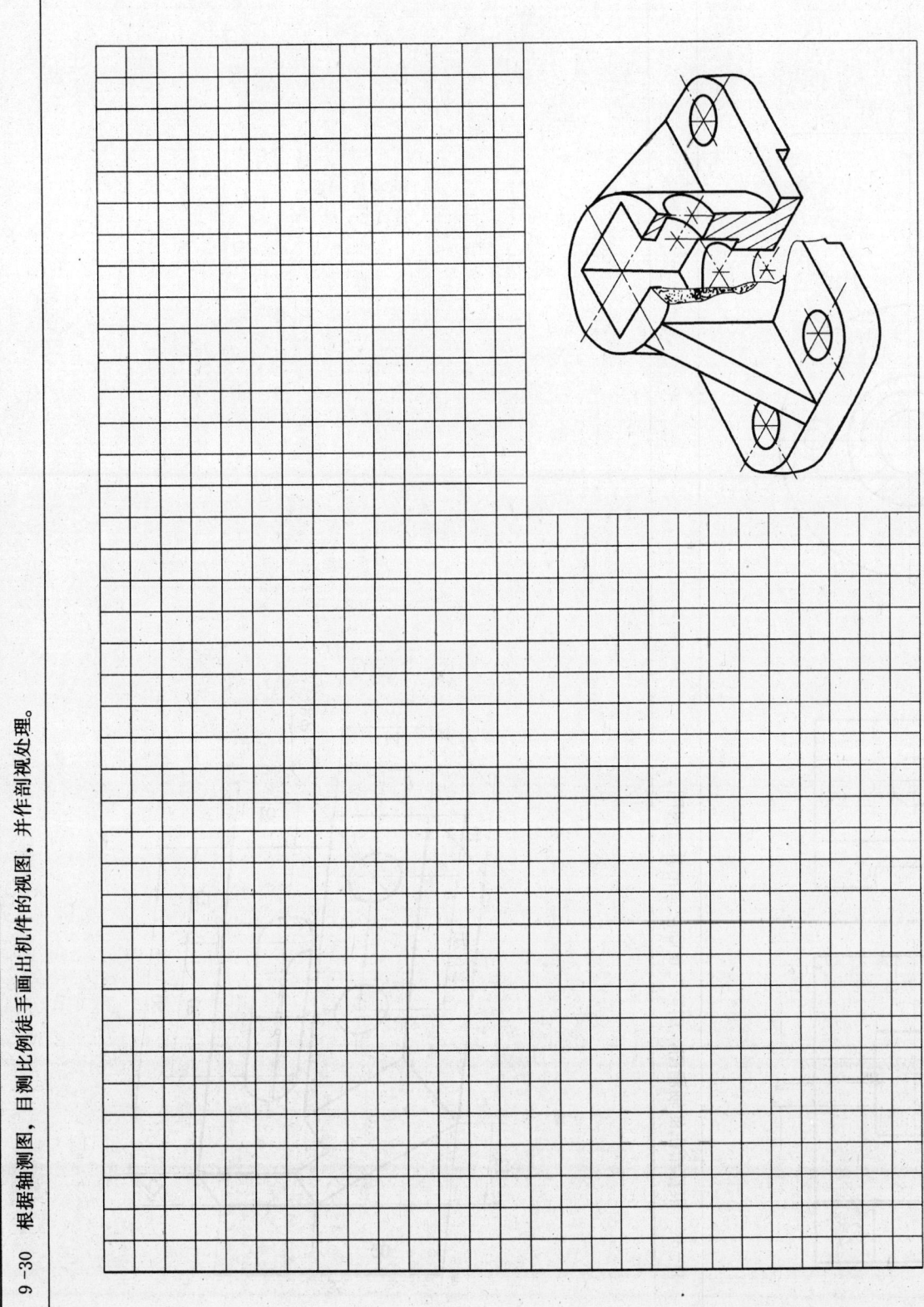

9-31 根据已给的视图，绘制正等轴测剖视图。

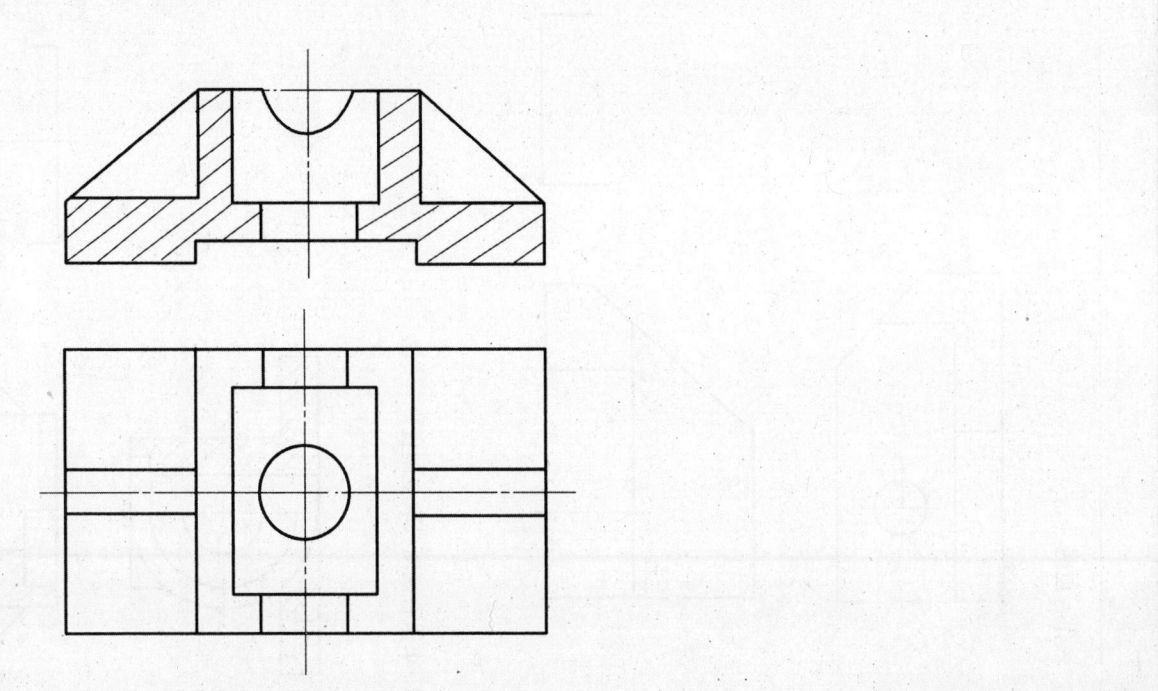

9-32 根据已给视图，绘制斜二等轴测剖视图。

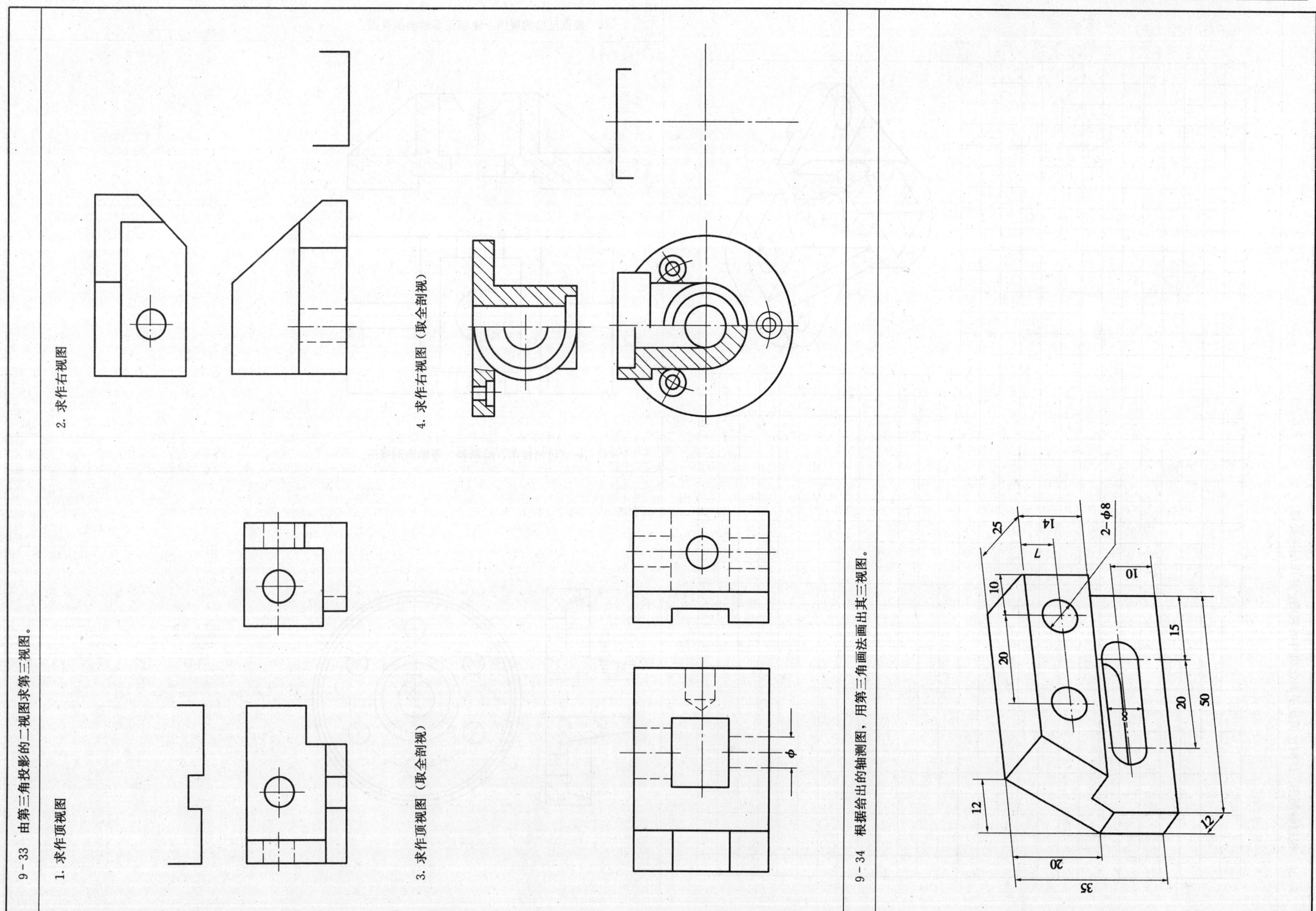

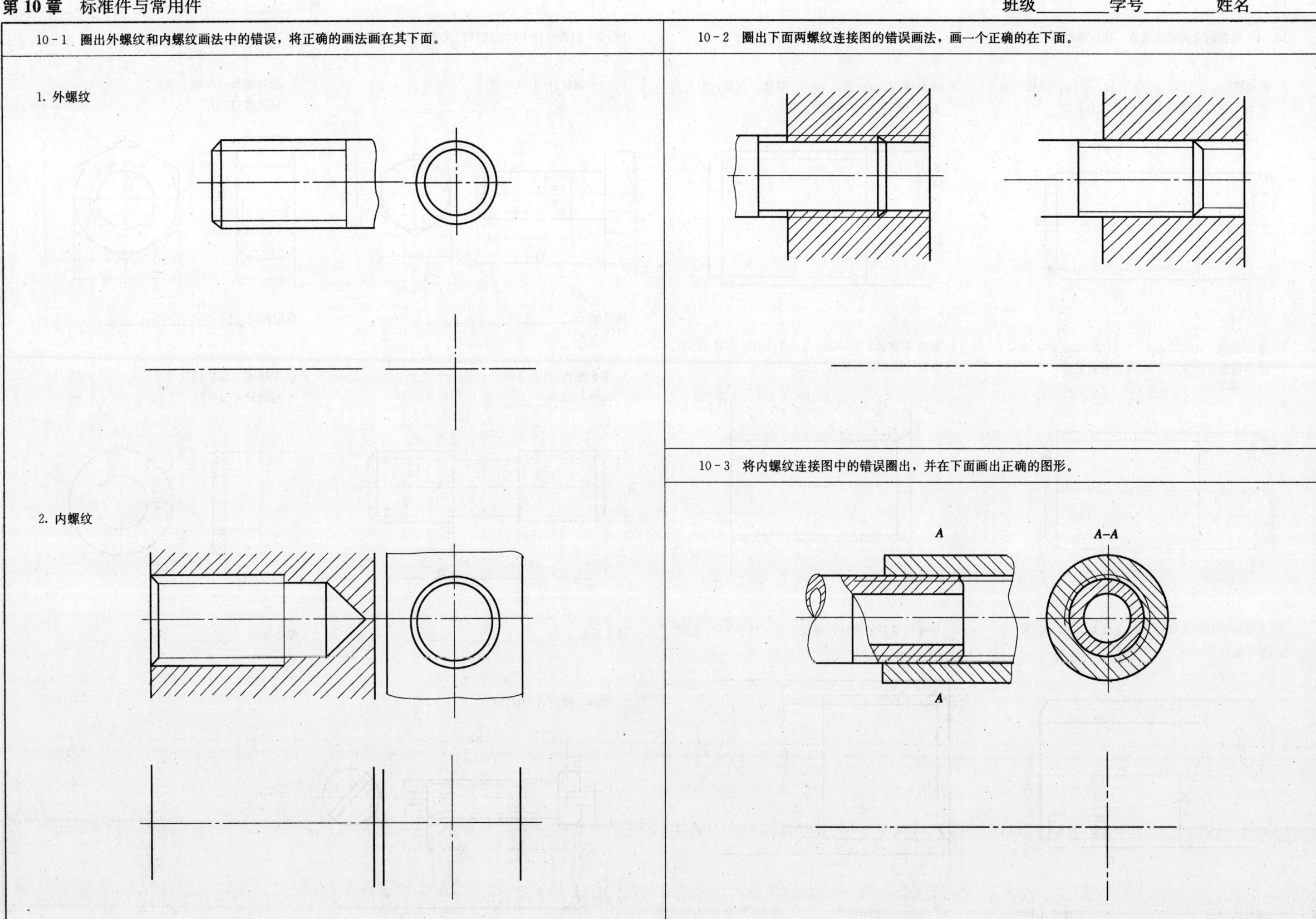

10-4 根据给定的螺纹要素，标注螺纹的尺寸与代号。

1. 普通螺纹，$d=24$，$p=3$ 右旋，单线，中径公差带 5g，顶径公差带 6g，中等旋合长度

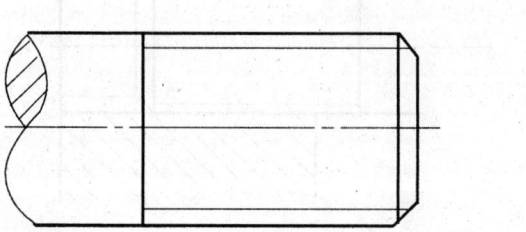

2. 梯形螺纹，$d=32$，$p=6$，双线，左旋，中径公差带代号 7e，中等旋合长度

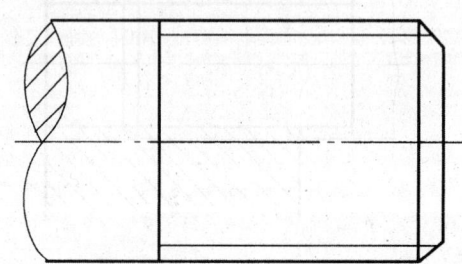

3. 普通螺纹，$d=27$，$p=1.5$，单线左旋，中径、顶径公差带均为 6h，中等旋合长度

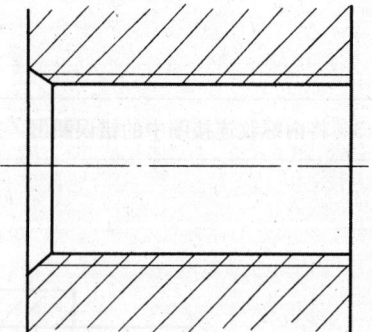

4. 锯齿形螺纹，$D=28$，$p=5$，中径公差带 7H，右旋，中等旋合长度

5. 非螺纹密封的内螺纹，尺寸代号 3/4，右旋，公差等级代号为 A

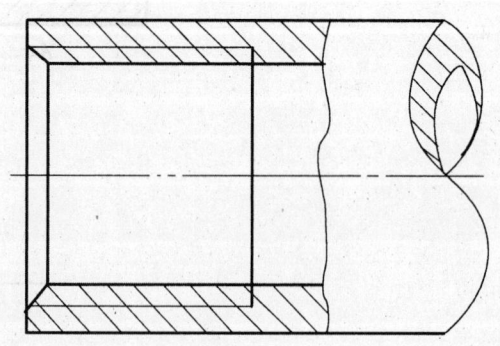

6. 用螺纹密封的圆柱内螺纹，尺寸代号 3/4，左旋

螺纹大径＝　　　　　螺纹小径＝　　　　　螺距＝

10-5 查表标注下列紧固件的尺寸，并写出其规定标记。

1. 六角螺栓（GB/T5782）

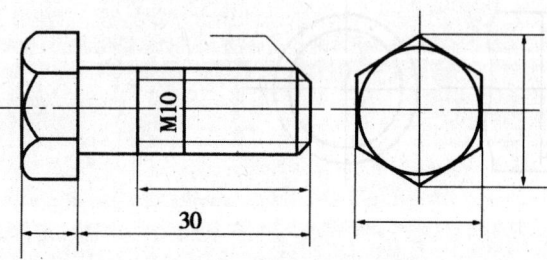

规定标记_____

2. 六角螺母（A 级 I 型）（GB/T6170）

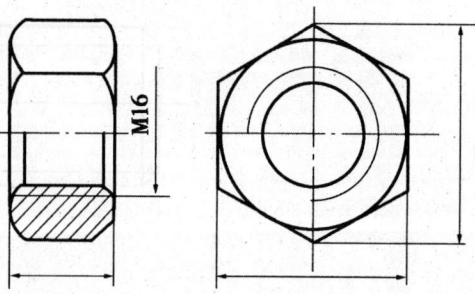

规定标记_____

3. 双头螺柱（GB/T898）
$b_m=1.25d$

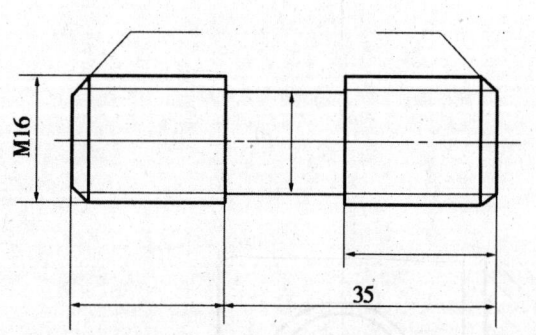

规定标记_____

4. 平垫圈（GB/T97.1）
公称尺寸 $d=24$

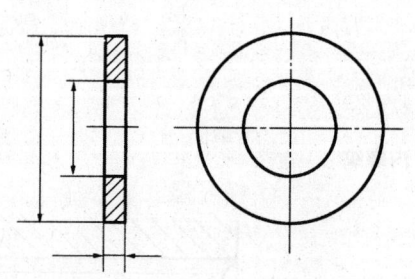

规定标记_____

5. 圆柱头螺钉（GB/T65）

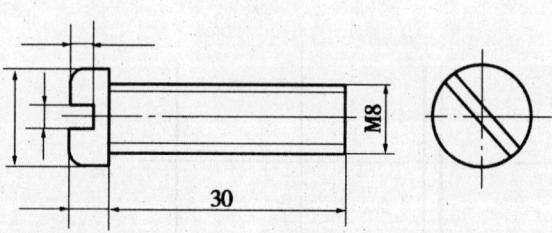

规定标记_____

10-6 已知螺栓 GB/T5782 M16×l，垫圈 GB/T97.1 16，螺母 GB/T6170 M16；板厚 $\sigma_1=\sigma_2=28$mm，求作螺栓连接的主、俯视图（按 1:1 画出）。	10-7 已知螺栓 GB/T898 AM16×l，垫圈 GB/T97.2 20，螺母 GB/T6170 M16；上面钢板厚 $\sigma=18$mm，下面为铸铁基座，试作出螺柱连接的主、俯两视图（按 1:1 画出）。	10-8 已知螺钉 GB/T65 M8×l，板厚 $\sigma_1=24$mm，基座材料为铸铁，求作螺钉连接的主、俯两视图（按 1:1 画出）。

10-9 已知轴与齿轮用 A 型普通平键连接，轴与轮孔处直径均为 φ20，键长 20。①查表标出轴与轮上键槽的尺寸。②画全下列各视图和断面图。③写出键的规定标记。

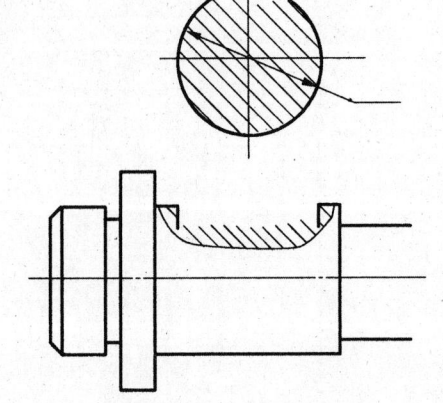
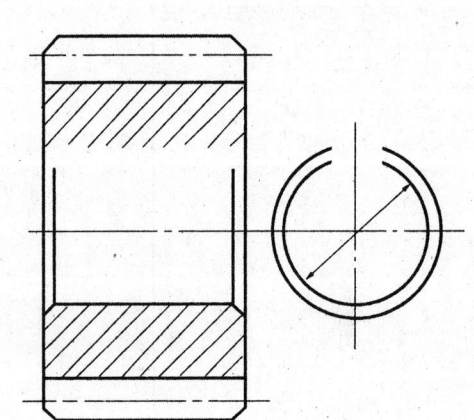

规定标记_____

10-11 已知齿轮与轴用直径为 5mm、长度为 22mm 的 A 型圆柱销连接，写出圆柱销的规定标记，并用 M2：1 画全销连接的装配图。

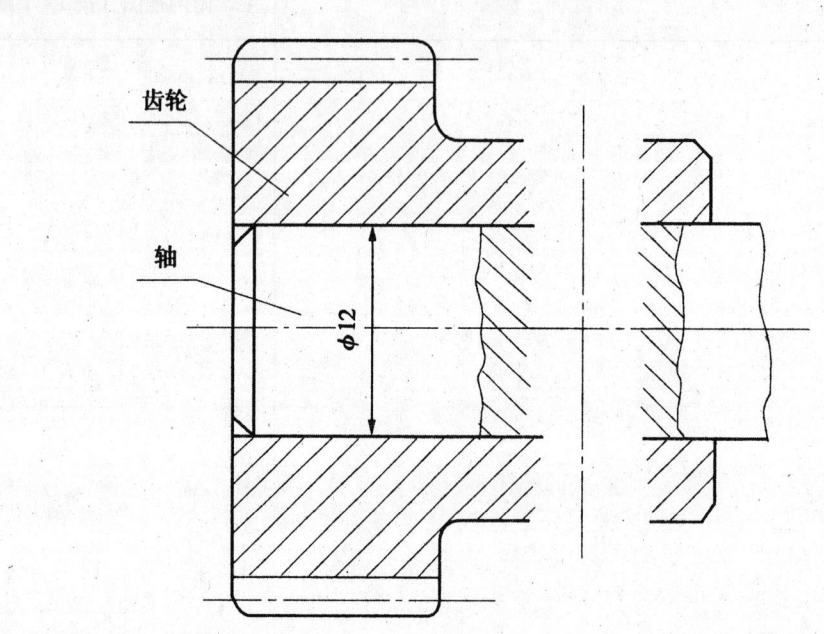

规定标记_____

10-10 根据 10-9 所确定的键，完成下面的用键连接的轮与轴的装配图。

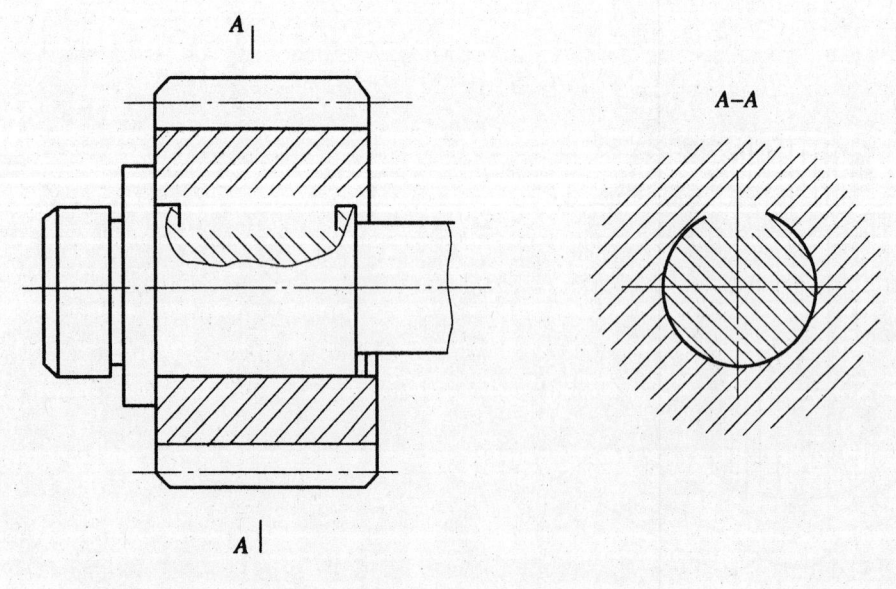

10-12 用规定画法，按 1：1 画出支承处的滚动轴承。

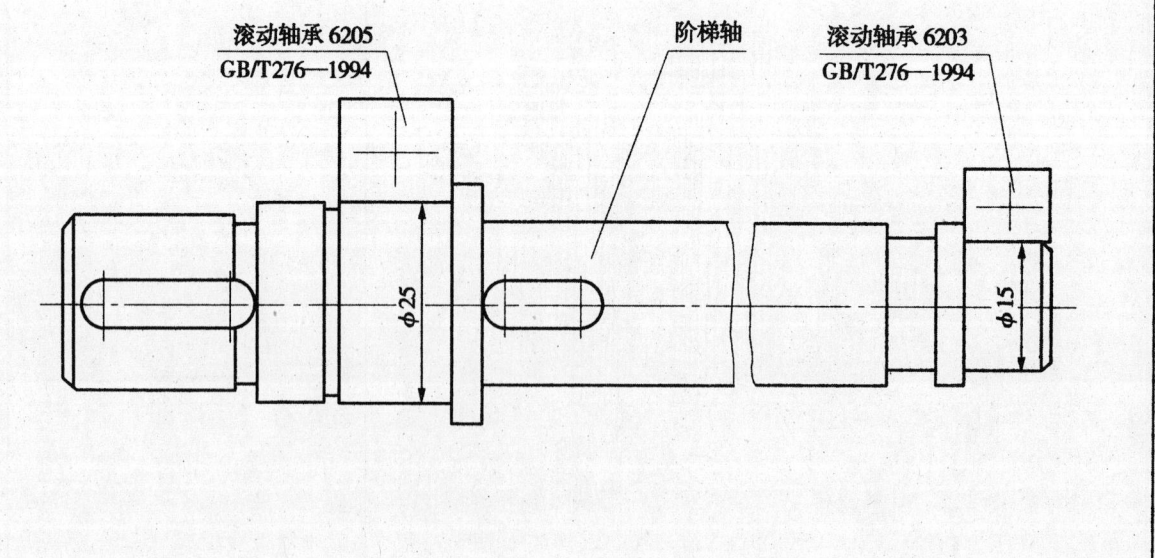

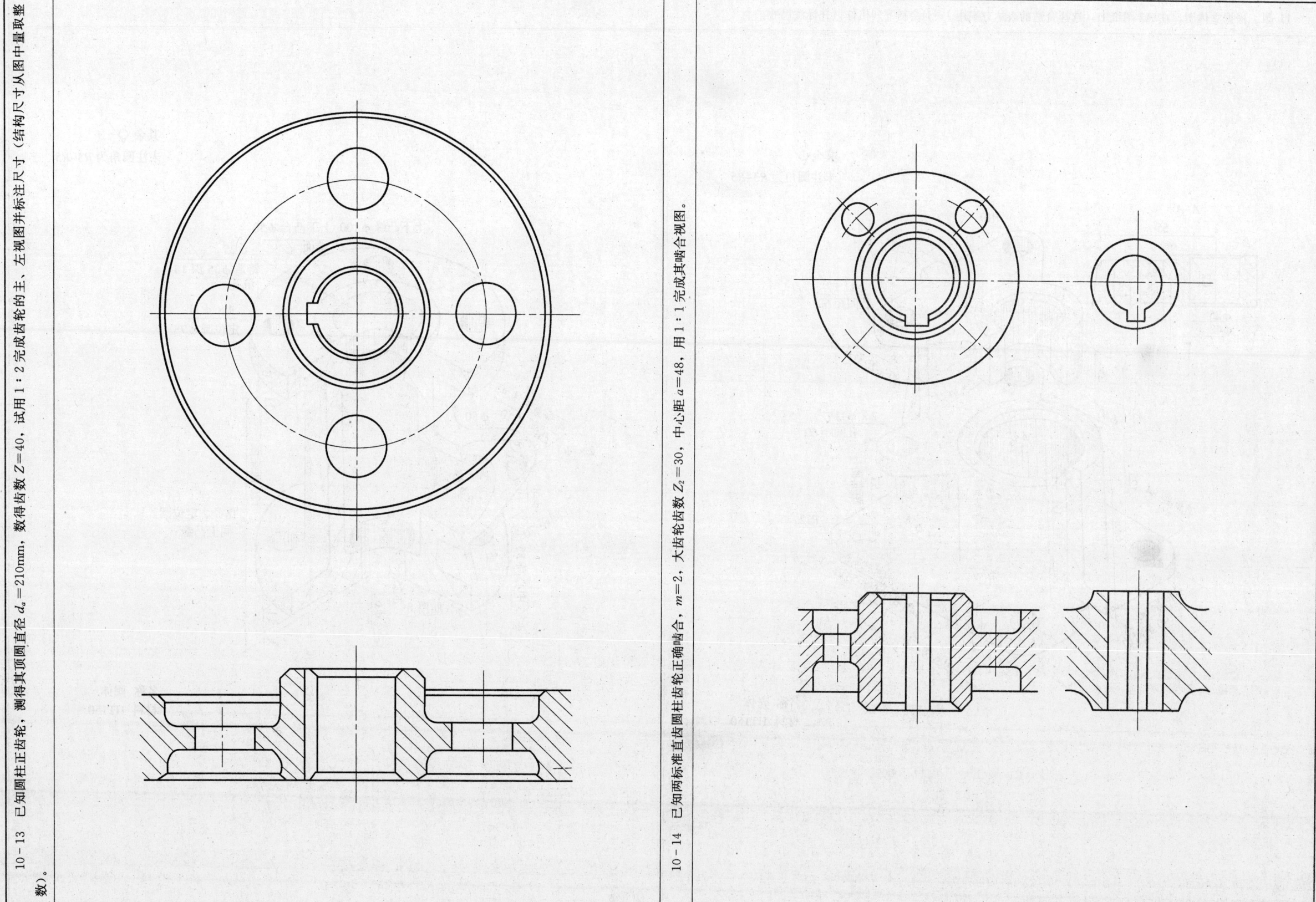

10-13 已知圆柱正齿轮,测得其顶圆直径 $d_a=210$mm,数得齿数 $Z=40$,试用 1:2 完成齿轮的主、左视图并标注尺寸(结构尺寸从图中量取整数)。

10-14 已知两标准直齿圆柱齿轮正确啮合,$m=2$,大齿轮齿数 $Z_2=30$,中心距 $a=48$,用 1:1 完成其啮合视图。

11-1 根据立体图，在 A3 图纸上，选择合适的表达方案用 1：1 绘制下列机件，并标注尺寸。

(1)

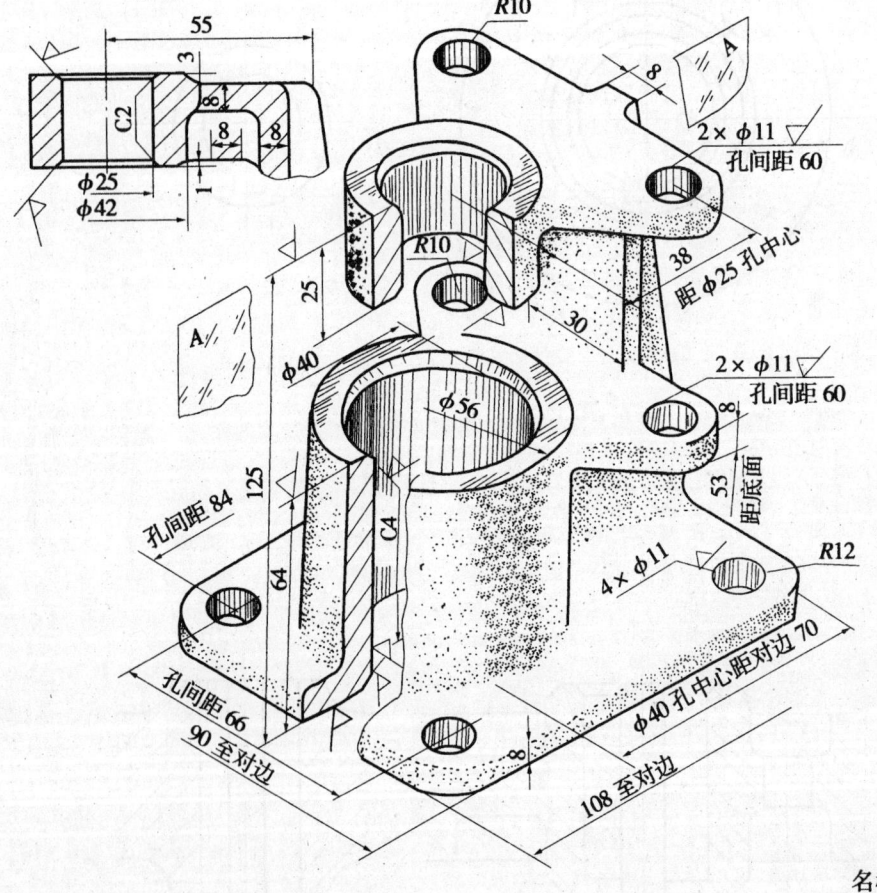

名称 壳体
材料 HT150

(2)

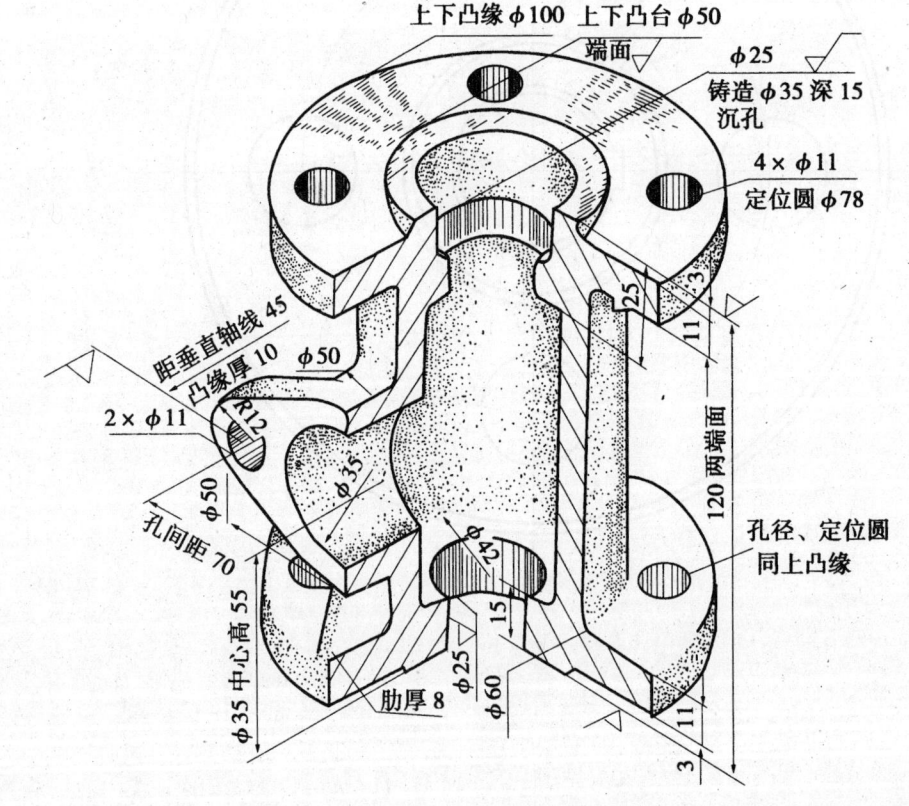

名称 阀体
材料 HT150

11-2 将下列表面粗糙度的要求用代号标注在图上。

(1)

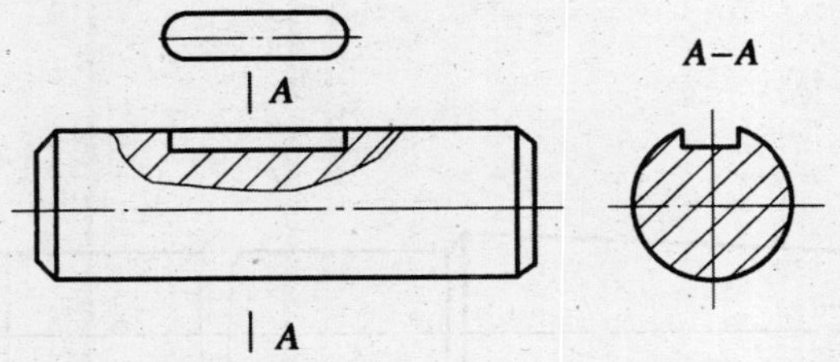

技术要求
1. 圆柱表面的粗糙度表面要求去除材料 R_a 为 3.2μm；
2. 键槽两侧面的粗糙度表面要求去除材料 R_a 为 6.3μm；
3. 其余表面的粗糙度表面要求去除材料 R_a 为 12.5μm。

(2)

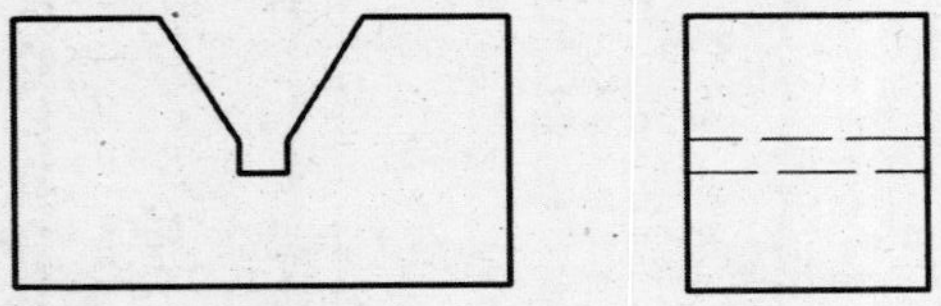

技术要求
1. "V" 形槽表面的粗糙度要求去除材料 R_a 为 6.3μm；
2. 下底面的粗糙度表面要求去除材料 R_a 为 12.5μm；
3. 其余表面的粗糙度表面要求去除材料 R_a 为 25μm。

(3)

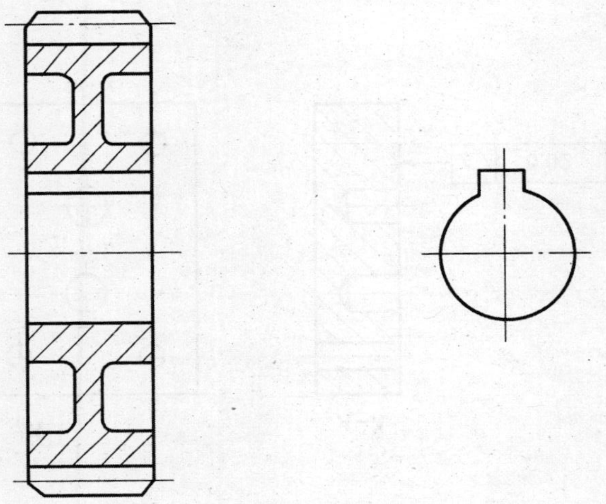

技术要求
1. 键槽两侧的表面粗糙度表面要求去除材料 R_a 为 6.3μm；
2. 轮齿工作面和轴孔的表面粗糙度要求去除材料 R_a 为 3.2μm；
3. 齿轮两端和倒角的表面粗糙度表面要求去除材料 R_a 为 12.5μm；
4. 其余表面要求不去材料。

11-3 说明下列配合代号的意义，并查表注出下列零件配合面的尺寸及偏差值。

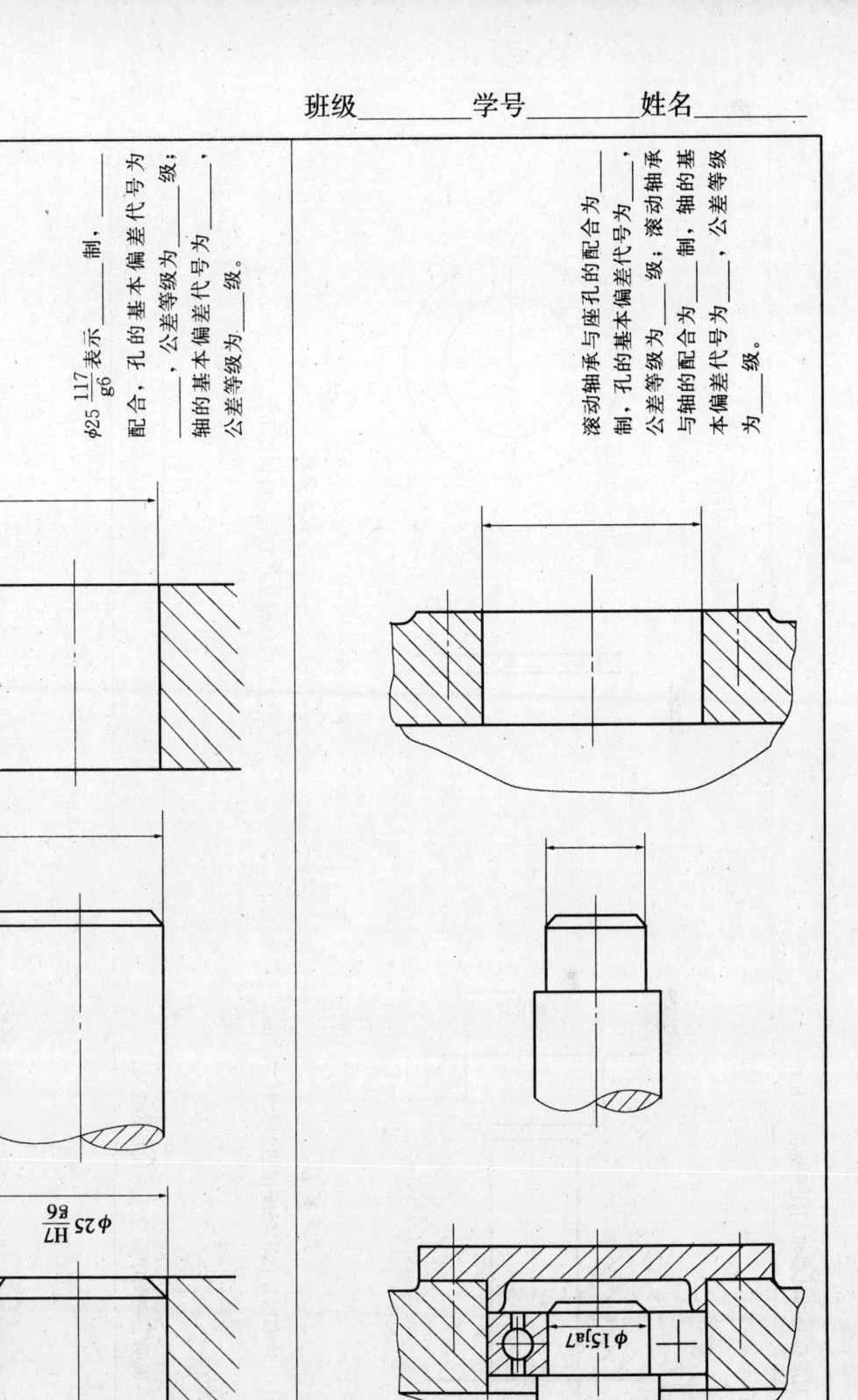

(1) $\phi 25 \frac{H7}{g6}$

$\phi 25 \frac{H7}{g6}$ 表示_____制，_____配合，孔的基本偏差代号为_____，公差等级为_____级，轴的基本偏差代号为_____，公差等级为_____级。

(2) $\phi 32H7$ $\phi 15js7$

滚动轴承与座孔的配合为_____制，孔的配合为_____，孔的基本偏差代号为_____，公差等级为_____级，滚动轴承与轴的配合为_____制，轴的基本偏差代号为_____，公差等级为_____级。

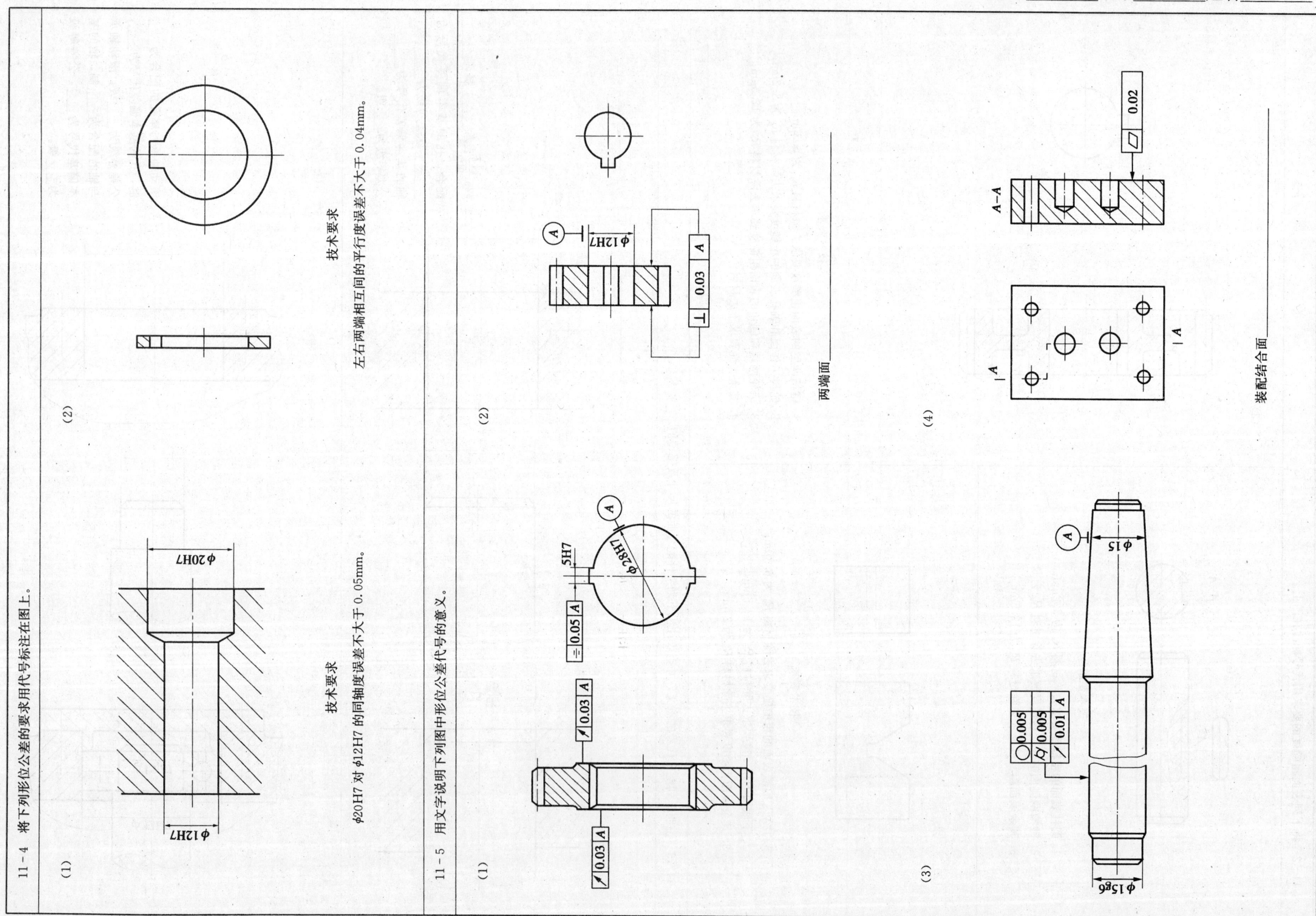

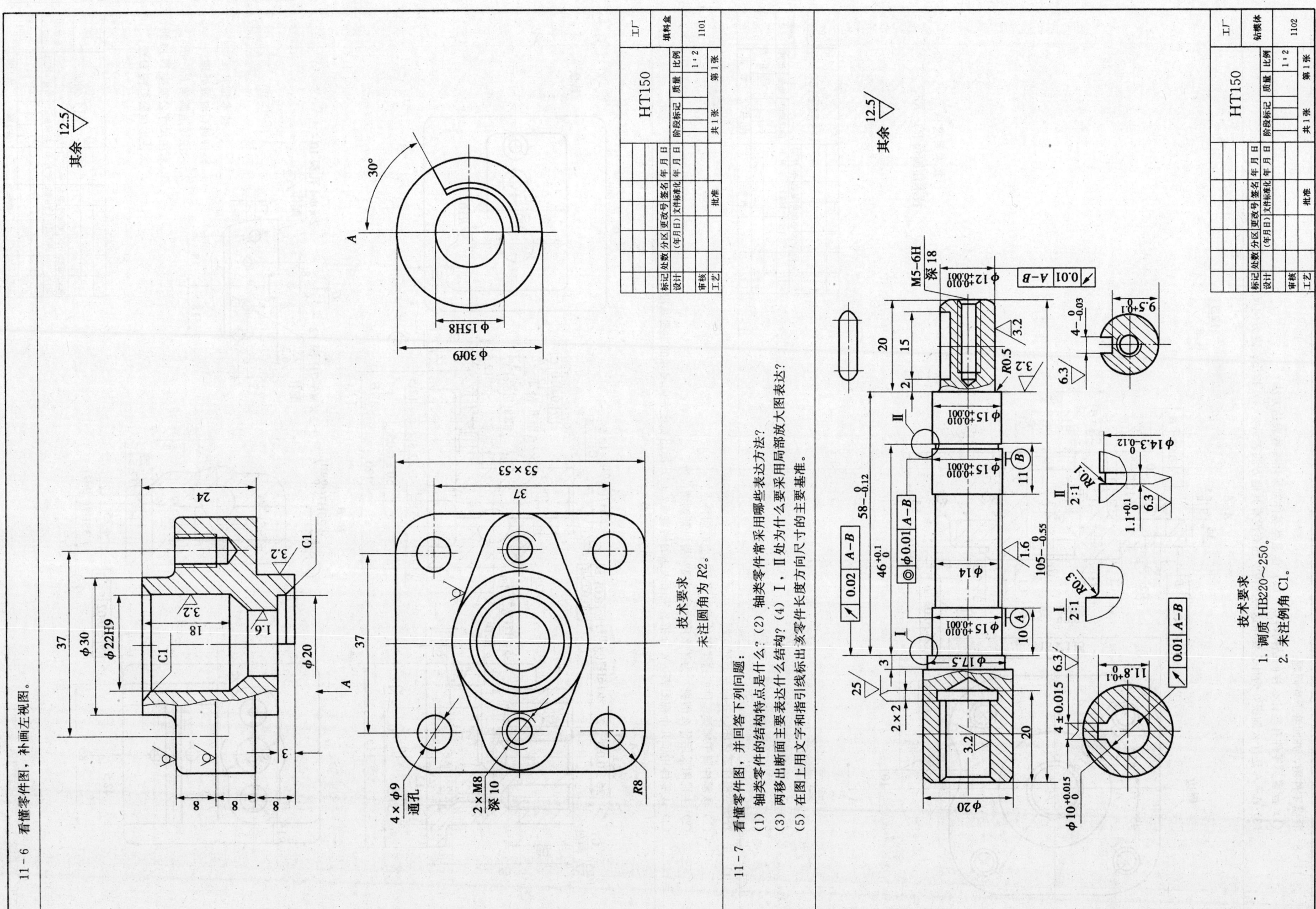

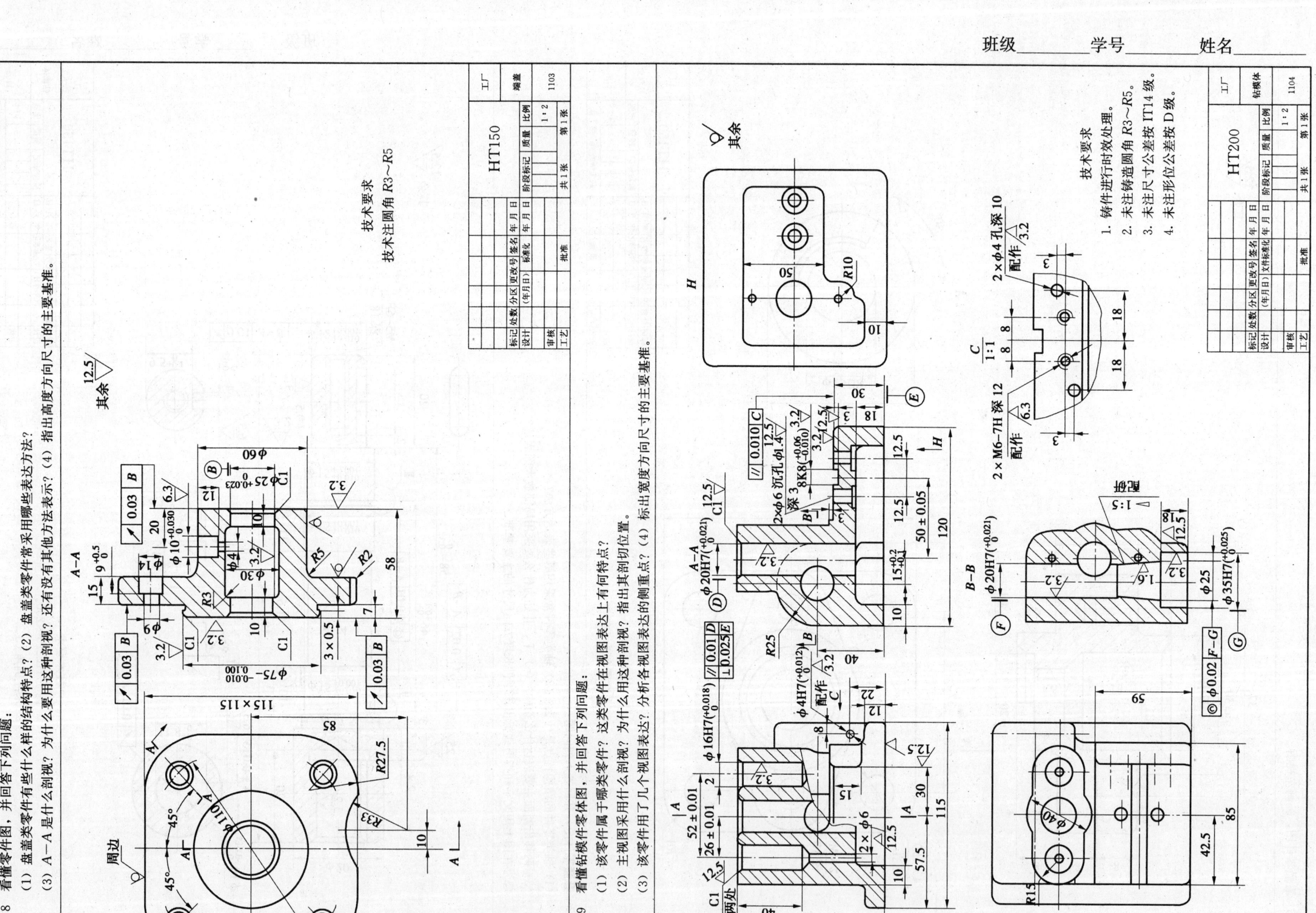

11-10 看懂零件图，补全 K 向视图（外形），并画出 A-A 断面。

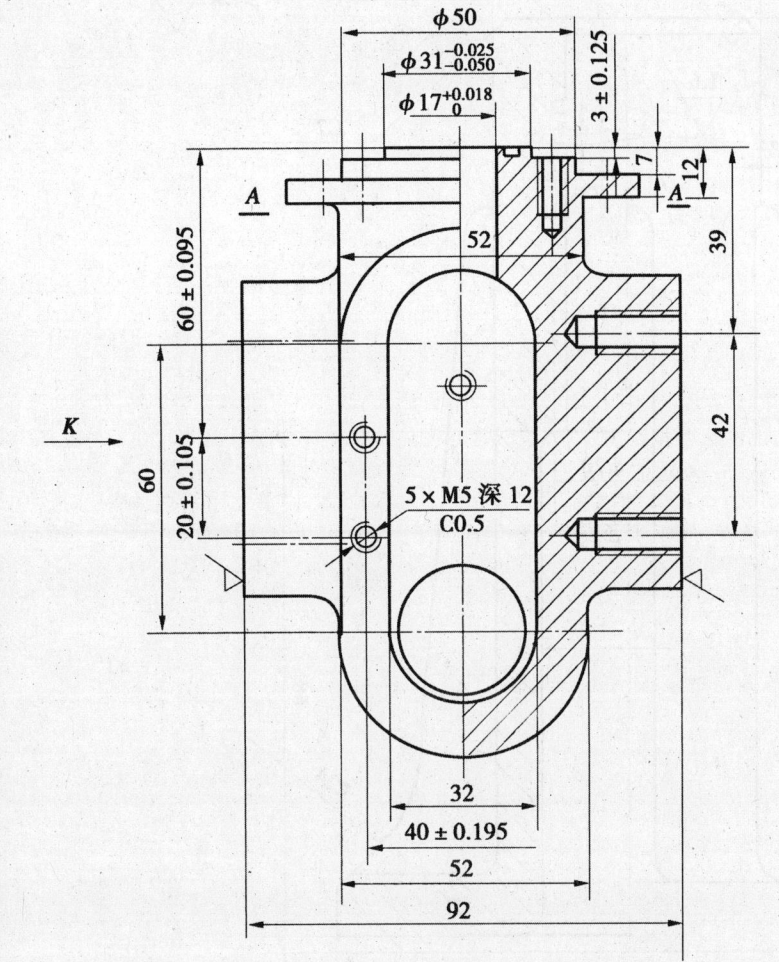

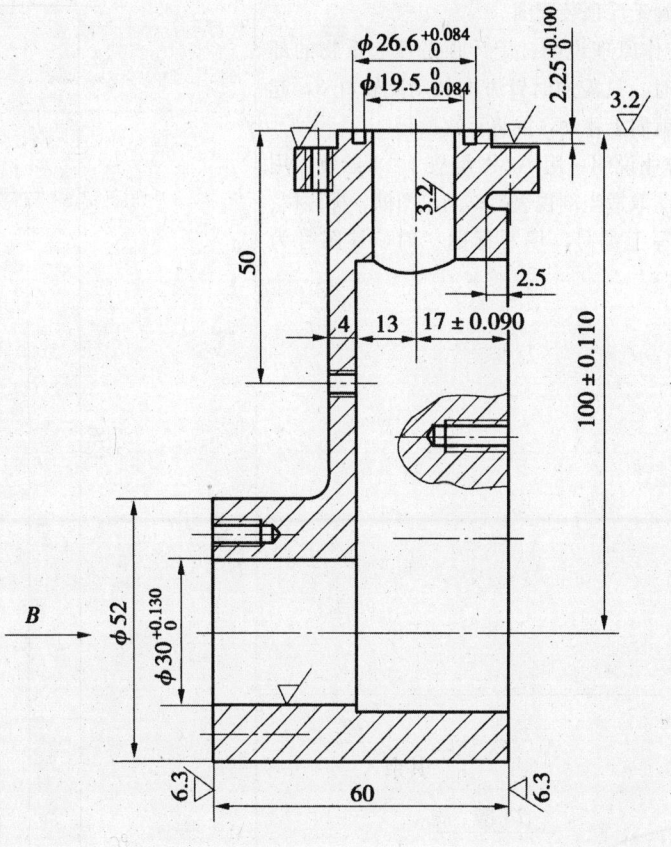

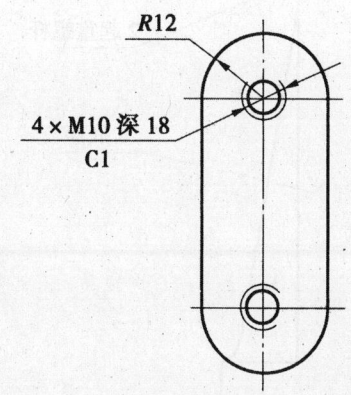

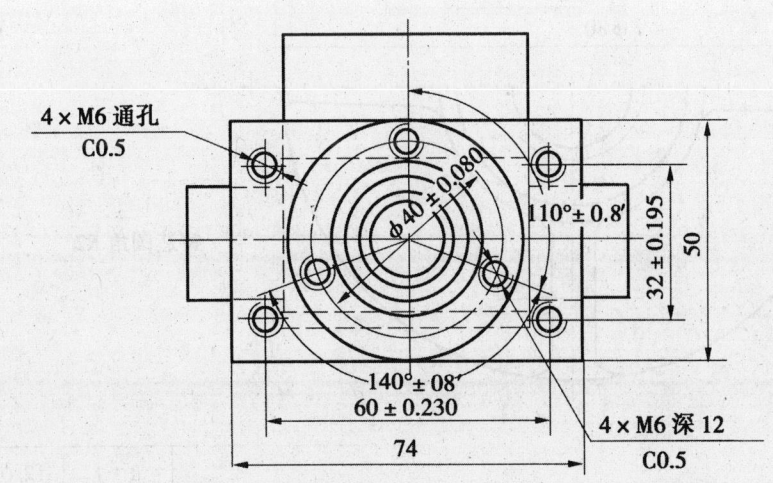

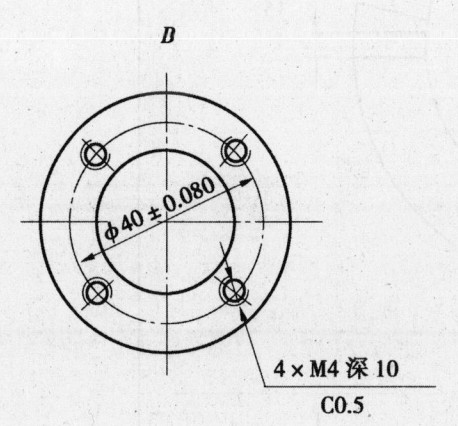

A-A

技术要求
1. 图中未注明圆角为 R3。
2. 铸件不得有砂眼、气孔、裂纹等缺陷。
3. 拔模斜度 1:50。
4. 除加工表面外，表面涂深灰色皱纹漆。

HT200 底座 1:2

第 12 章 装配图

12-1 拼画装配图

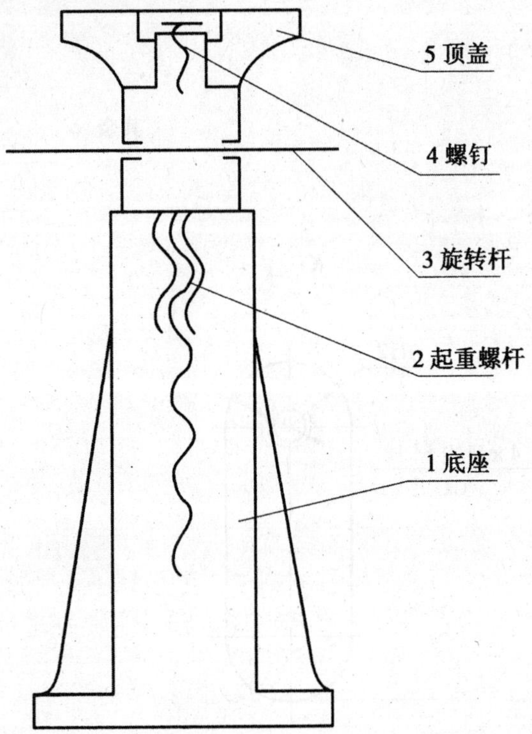

(1) 根据给定的千斤顶零件图与千斤顶装配示意图，拼画千斤顶装配图。

(2) 工作原理说明：千斤顶是顶起重物的部件。使用时，只需逆时针方向转动旋转杆 3，起重螺杆 2 就向上移动，并将重物顶起。

(3) 作业说明：用 A3 图纸按 1∶1 绘制，用一个主视图取适当剖视表达；画出图框、标题栏、明细栏，写上编号，填写标题栏时，其图号为 12.01.00。

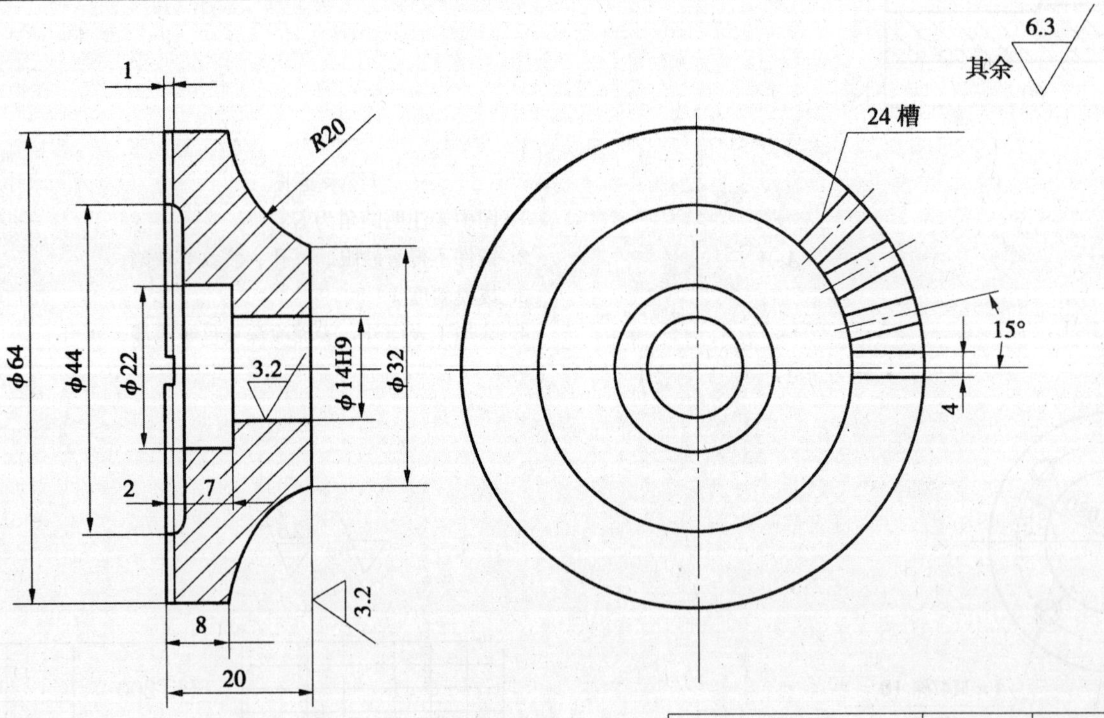

零件编号：
- 5 顶盖
- 4 螺钉
- 3 旋转杆
- 2 起重螺杆
- 1 底座

顶盖 1∶1 12.01.05 件数 1 45

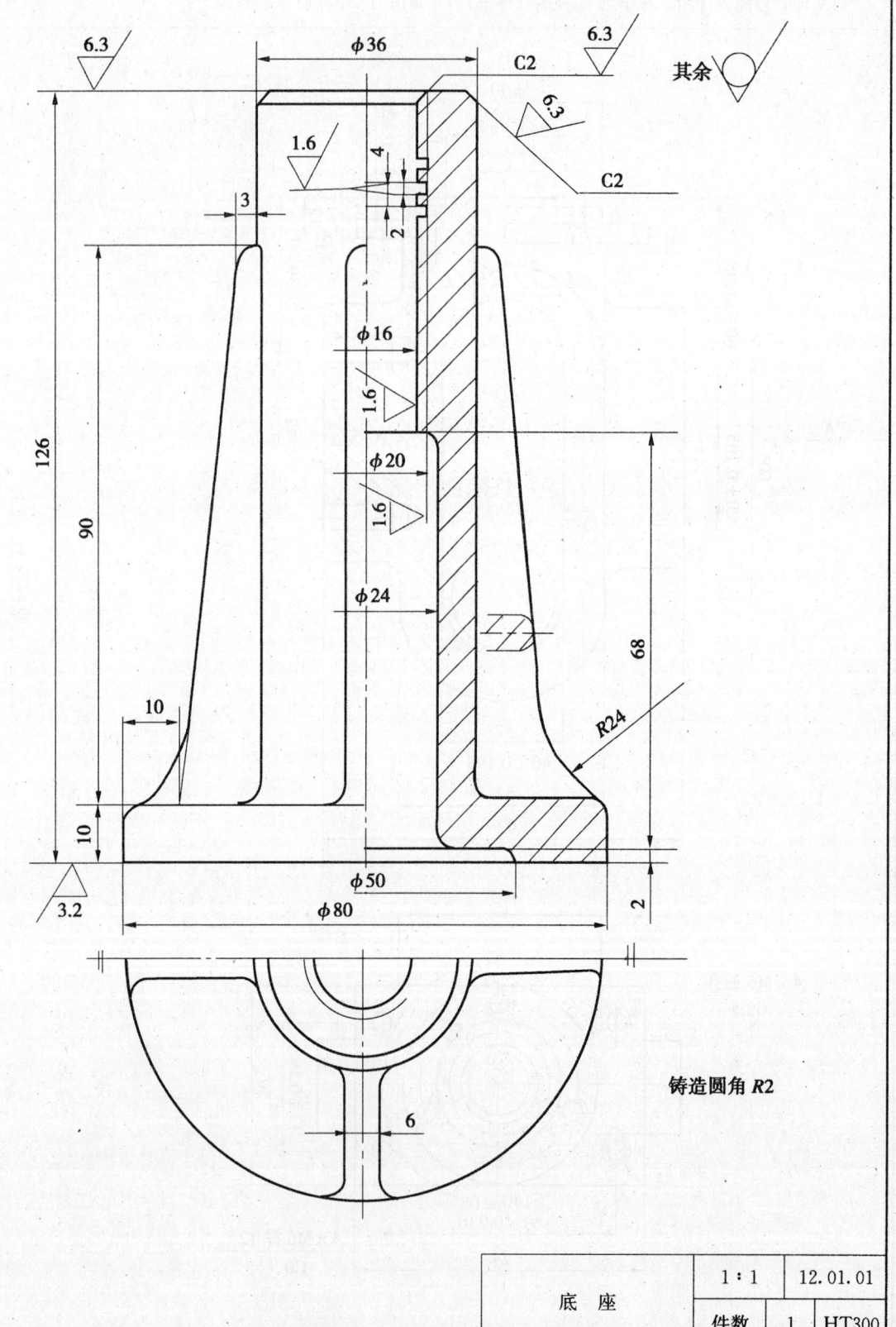

底座 1∶1 12.01.01 件数 1 HT300

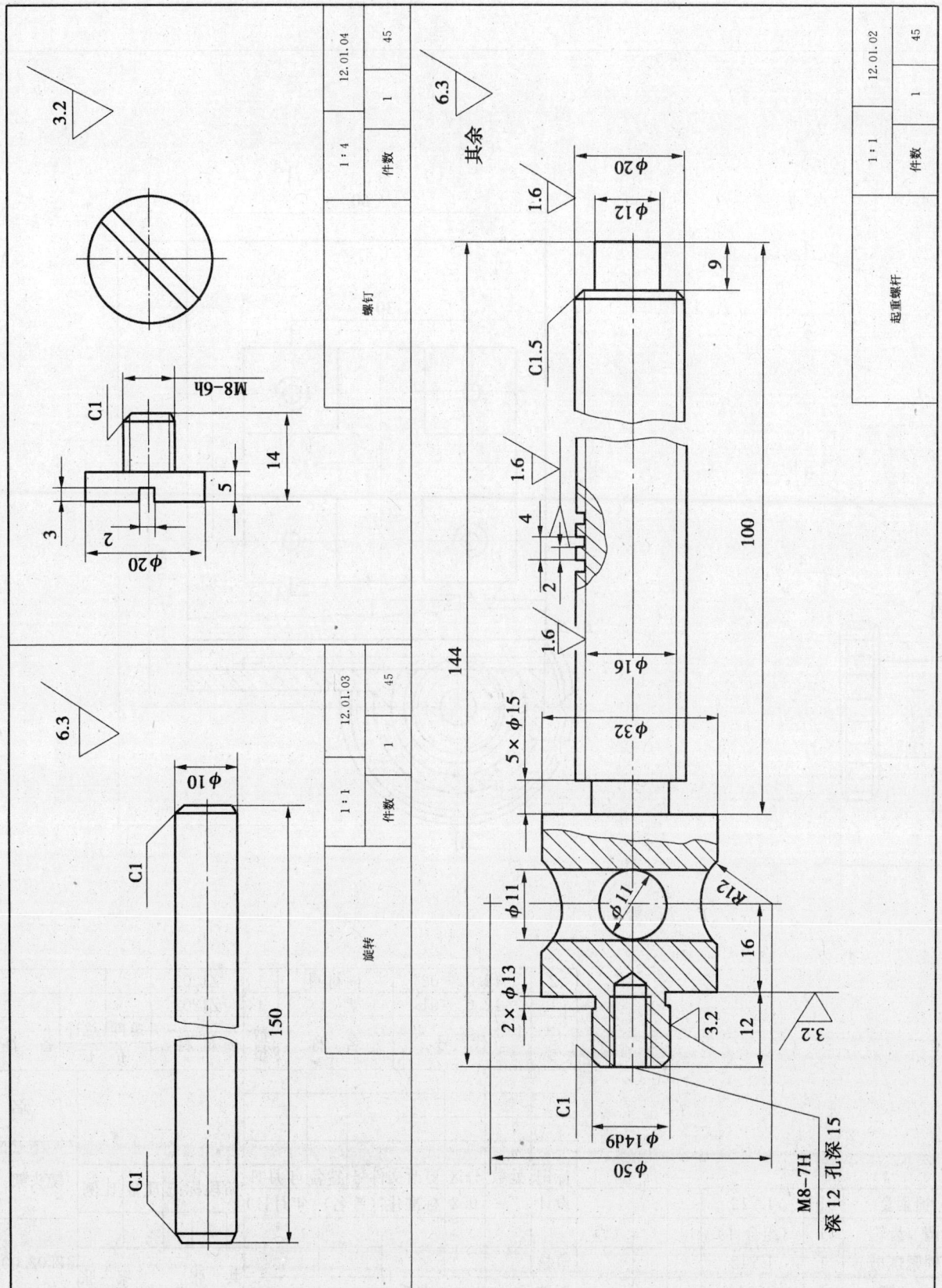

12-2（a） 看装配图—镜头架

一、工作原理

镜头架是电影放映机的一个部件。它用来放置镜头和调整焦距，使放映图像清晰。

镜头架由十种零件组成。所有的零件都装在主要零件架体 1 上。由两个螺钉将它安装在放映机上，两个销钉起定位作用。架体 1 上的大孔（φ70）中套有能前后移动的内衬圈 2，架体的小圆柱孔（φ22）中装有锁紧套 6。锁紧套内装有调节齿轮，当调节齿轮与内衬圈上的齿条啮合后，以 M3×12 的螺钉使调节齿轮轴向定位。锁紧套右端装有锁紧螺母 4，旋紧螺母便将锁紧套拉向右方，此时通过锁紧套上圆柱面的槽子，迫使内衬圈收缩而锁紧镜头。当旋转调节齿轮时，通过与内衬圈上齿条的啮合传动，能带动内衬圈前后移动，从而达到调节焦距的目的。

二、作业要求

看懂装配图，弄清工作原理及其表达方法。看懂各零件间的装配关系及各零件的结构形状和大小。

拆画 1 号或 6 号零件的零件图：

1. 自己选定视图方案，清楚地表达零件的结构形状；
2. 注全尺寸。

12-2（b） 看装配图——镜头架（工作原理和作业要求见第69页）。

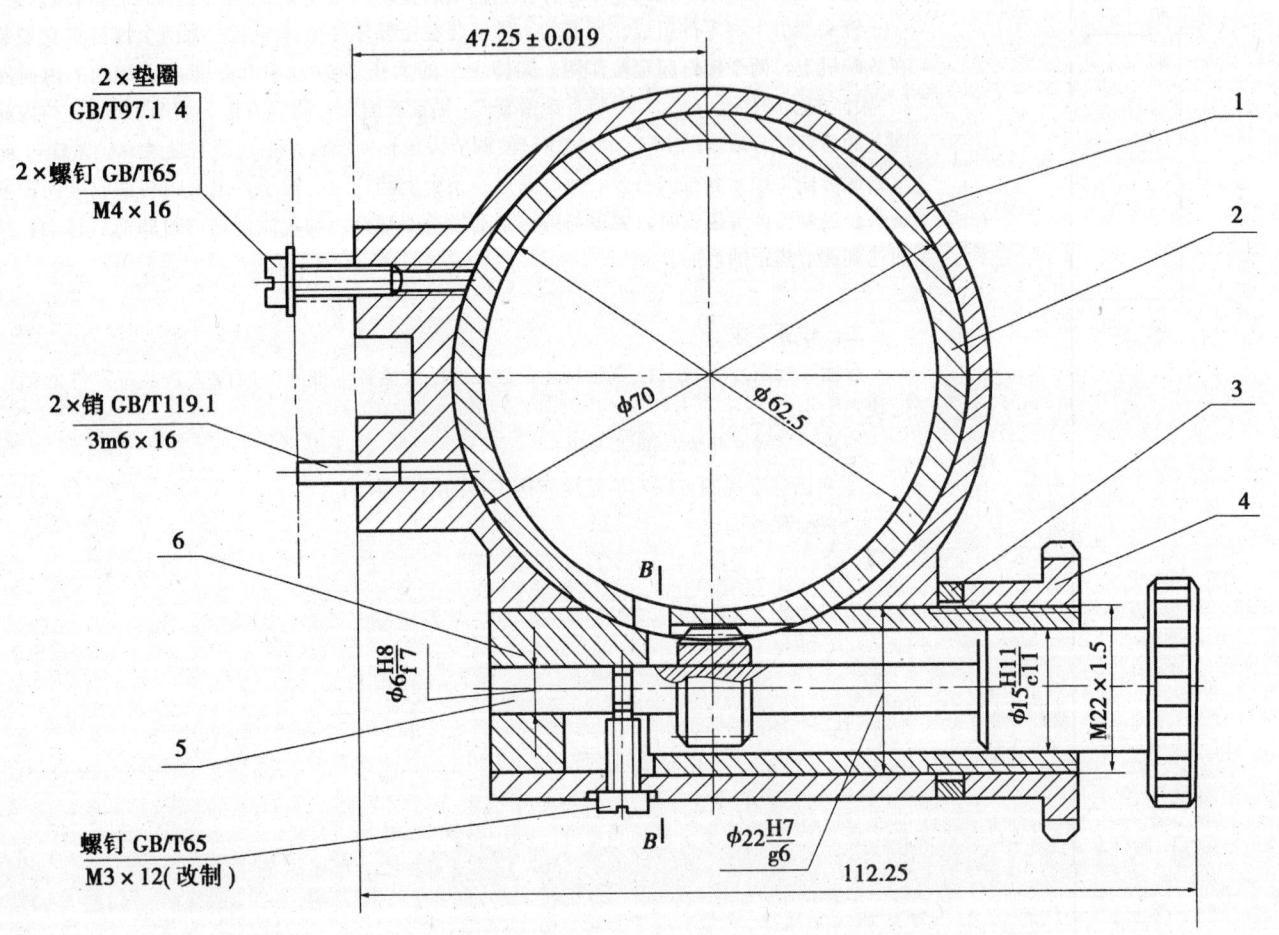
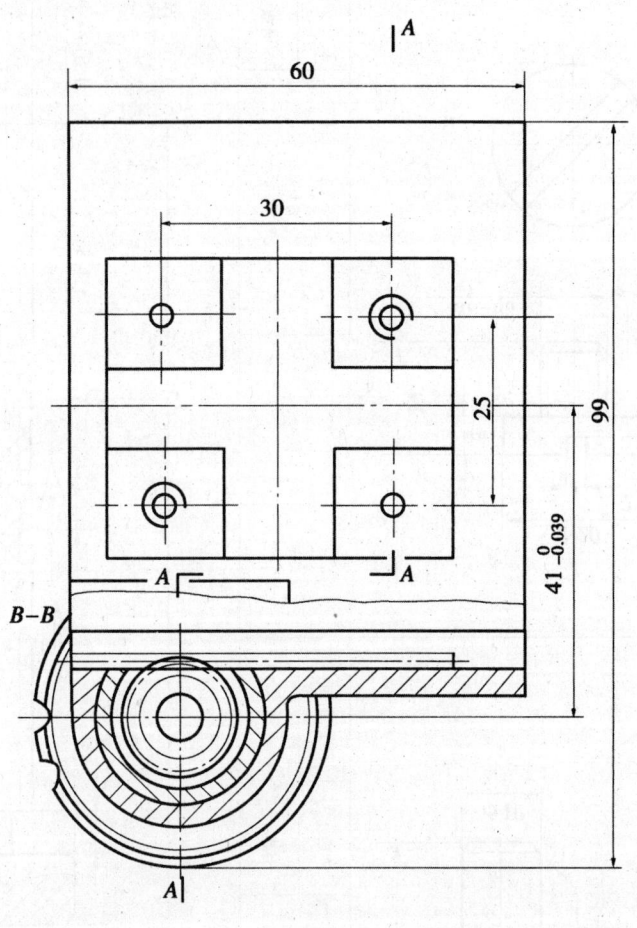

技术要求
装配后，传动应平稳轻巧，不允许有卡阻爬行现象。

6	12.02-06	锁紧套	1	LY12		
5	12.02-05	调节齿轮	1	（组合件）	$m=0.6$ $z=22$	
4	12.02-04	锁紧螺母	1	LY12		
3	12.03-03	垫圈	1	Q235A		
2	12.02-02	内衬圈	1	Z1202		
1	12.02-01	架体	1	Z1202		
序号	代号	名称	数量	材料	单件 总计 质量	备注

镜头架 12.02.00

12-3（a）看装配图——回油阀

一、工作原理
回油阀是安装在油路系统中起回油作用的安全装置。它由阀体1、阀盖5和阀门2等零件组成。阀门是靠弹簧3的压力与阀体上的锥形孔贴合，当管道内油压正常时，靠它关闭回油通道。在阀盖中装有螺杆7，旋转螺杆即可调整弹簧压力，以控制管路中正常的油压。在调整前须将螺母9拧松，螺母9是防松用的。当管路内油压超出正常压力，即顶开阀门回油，回油时管内油压下降，降至正常压力，阀门在弹簧作用下自动关闭回油通道。

二、作业要求
1. 看懂装配图，弄清工作原理及其表达方法，看懂各零件间的装配关系及零件的形状结构和大小。
2. 拆画阀体（序号1）、和阀盖（序号5）及阀门（序号2）零件工作图。

三、附回油阀标题栏、明细栏

序号	代号	名称	数量	材料	质量 单件	质量 总计	备注
1	12.03-01	阀体	1	HT200			
2	12.03-02	阀门	1	ZCuSn5PbZn5			
3	12.03-03	弹簧	1	65Mn			
4		垫片	1	石棉板			
5	12.03-04	阀盖	1	HT200			
6	12.03-05	弹簧托盘	1	ACuSnPb5Zn5			
7	12.03-06	螺杆	1	35			
8	GB/T65	螺钉 M4×8	1				
9	GB/T6170	螺母 M8	1				
10	12.03-07	罩	1	HT150			
11	GB/T6170	螺母 M6	4				
12	GB/T898	螺柱 M6×18	4				

回油阀 12.03.00

12-4（a） 看装配图——钻模

一、工作原理
钻模是用于钻孔的一种夹具，向上转动胶木球11，通过套筒板12，使螺旋齿轮轴13转动，从而带动齿条3上升。将工件放入钻套板5与钻模座2上的垫板（未画出）之间，利用定位销7,9上的圆锥面将工件固定，然后向下转动手柄，使齿条3下降夹紧工作，钻头通过钻套8进行钻孔。弹簧15在正常情况下始终有一轴向力，使螺旋齿轮轴13上的圆锥面和衬套14接触，齿条下降时，由于螺旋齿轮转动产生的轴向力和弹簧产生的轴向力方向一致，使锥面接触更为紧密而产生自锁。

二、作业要求
1. 看懂装配图，弄清工作原理及其表达方法，看懂各零件间的装配关系及零件的结构形状和大小。
2. 拆画钻模座（序号2）零件工作图。

三、附钻模标题栏、明细栏

序号	代号	名称	数量	材料	质量 单件	质量 总计	备注
1	12.04-01	衬块	2	20			
2	12.04-02	钻模座	1	HT200			
3	12.04-03	齿条	1	45			$m_n=15, \beta=85°$
4	12.04-04	导柱	1	45			
5	12.04-05	钻套板	1	45			
6	12.04-06	螺钉	1	Q235A			
7	12.04-07	定位锁	1	45			
8	12.04-08	钻套	1	20			
9	12.04-09	定位销	1	45			
10	12.04-10	套筒	1	45			
11	12.04-11	胶木球	1	胶木			
12	12.04-12	套筒板	1	45			
13	12.04-13	螺旋齿轮轴	1	45			$m_n=15, z=8$ 左旋$\beta=45°$
14	12.04-14	衬套	1	45			
15	12.04-15	弹簧	1	60			
16	12.04-16	弹簧罩套	1	Q235A			

钻模 12.04.00

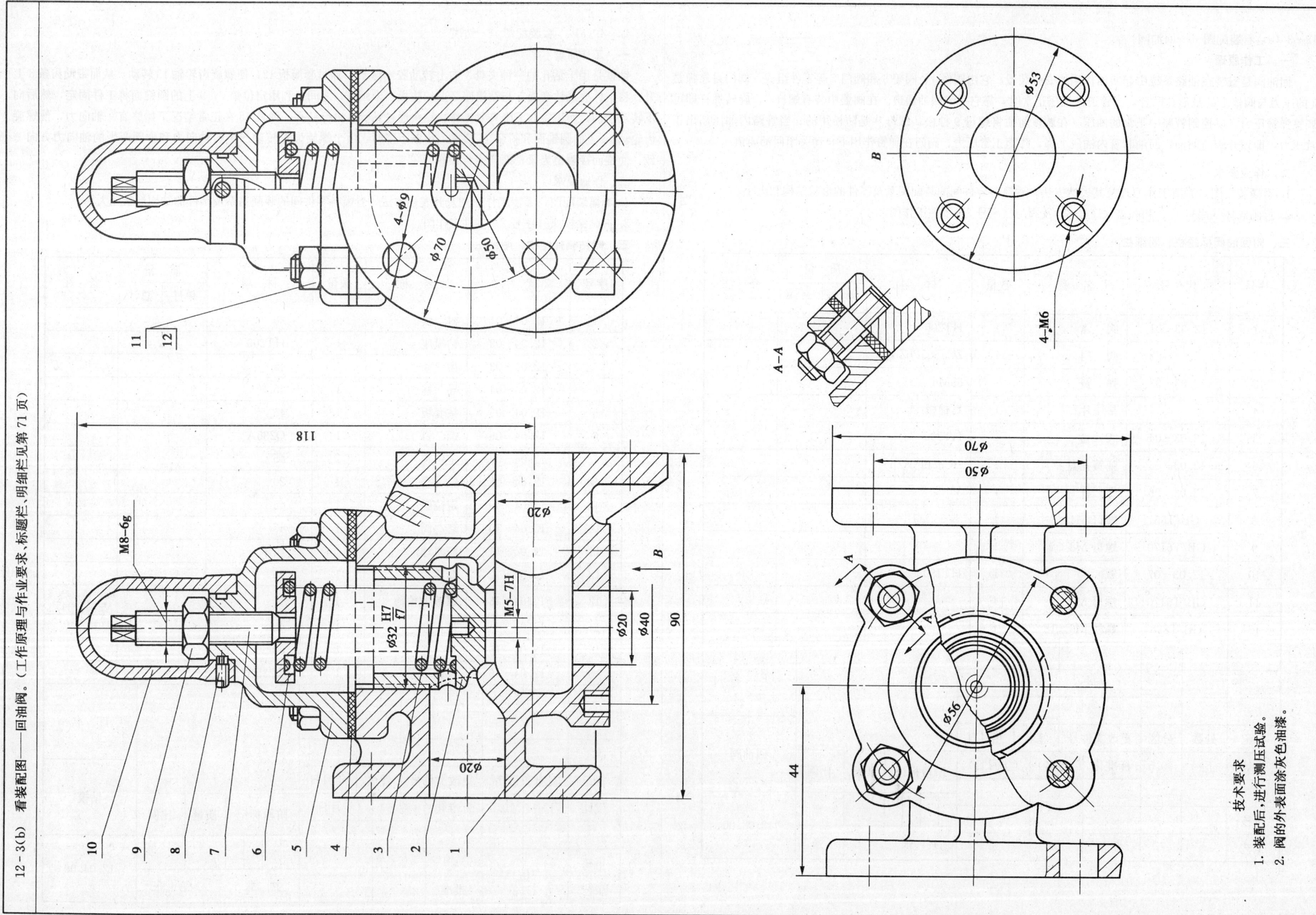

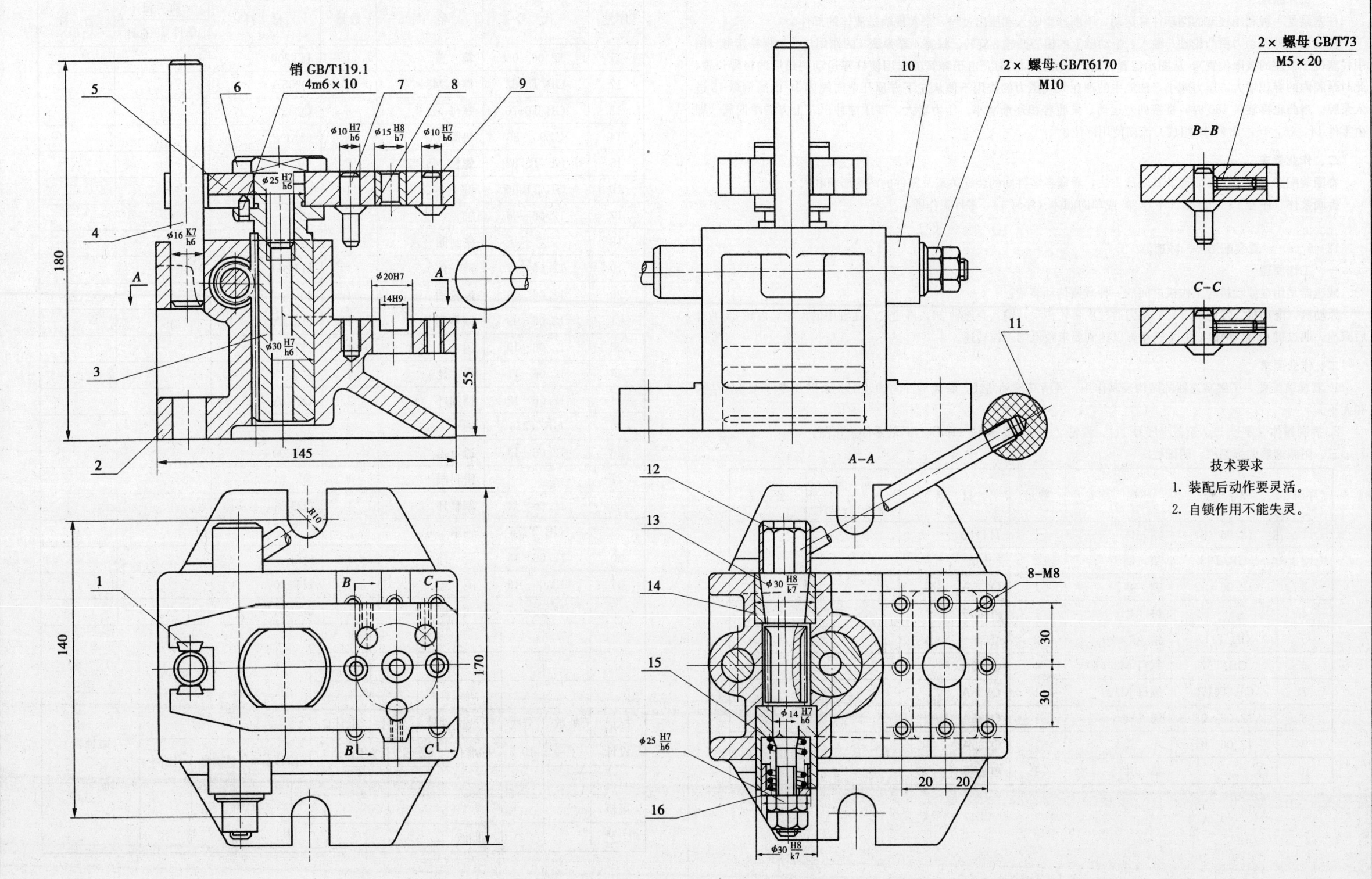

12-5（a） 看装配图——柱塞泵

一、工作原理

柱塞泵是一种利用柱塞的循环往复运动，不断产生吸入和压出过程，来实现输送流体的部件。

柱塞泵的外界动力由凸轮轴 5 输入，带动轴上的偏心凸轮 8 旋转。柱塞 4 靠弹簧 3 的作用与凸轮保持接触（图中柱塞位于最左的极限位置），从图示位置开始凸轮旋转 180°时，由于弹簧的作用使柱塞运动到最后的极限位置，此时泵腔内的容积增大，压力减小，油池中的油在大气压力的作用下便从左下方顶开单向阀体 14 内的钢球 15 进入泵腔。当凸轮再旋转 180°时，柱塞向左运动，泵腔容积逐渐减小，压力增大，高压油冲出左上方的单向阀（即由零件 14，15，16，18 和 19 组成）流向使用部位。

二、作业要求

看懂装配图，弄清工作原理及其表达方法，看懂各零件间的装配关系及零件的结构形状和大小。

拆画泵体（序号 1）和缸套（序号 2）或单向阀体（序号 14）零件工作图。

12-6（a） 看装配图——减速器

一、工作原理

减速器是用在原动机与工作机之间的一种减速传动装置。

原动机（电动机、发电机等）的动力通过皮带轮传动，输入高速轴 20，再通过高速轴中的齿轮与齿轮 23 啮合后减速，通过键 16 带动输出轴 17 转动，以达到要求较低的工作转速。

二、作业要求

1. 看懂装配图，了解减速器的结构及其作用，弄清其传动路线，看懂零件间的装配关系以及零件的形状结构和大小。
2. 拆画箱体（序号 1）、箱盖（序号 11）、齿轮（序号 23）和轴（序号 17）的零件工作图。

三、附减速器的标题栏、明细栏

序号	代 号	名 称	数量	材 料	质量 单件	质量 总计	备 注
1	12.06-01	箱体	1	HT200			
2	GB/T93	垫圈	2	65Mn			
3	12.06-02	螺塞	1	Q235A			
4		垫片	1	红纸板			
5	GB/T117	销 A5×20	2	45			
6	GB/T67	螺钉 M3×10	4	Q235A			
7	GB/T6170	螺母 M10	1	Q235A			
8	12.06-03	通气阀	1	Q235A			
9	12.06-04	小盖	1	Q235A			
10		垫片	1	红底板			

续表

序号	代 号	名 称	数量	材 料	质量 单件	质量 总计	备 注
11	12.06-05	箱盖	1	HT200			
12	GB/T5782	螺栓 M8×70	4	Q235A			
13	GB/T6170	螺母 M8	6	Q235A			
14	GB93—86	垫圈 8	6	65MN			
15	GB/T5782	螺栓 M8×30	2	Q235A			
16	GB/T1096	键 10×22	1	45			
17	12.06-06	轴	1	45			
18		密封圈	1	毛毡			
19	12.06-07	透盖	1	HT200			
20	12.06-08	齿轮轴	1	45			$m=2$, $z=15$
21	12.06-09	调整环	1	Q235A			
22	12.06-10	闷盖	1	HT200			
23	12.06-11	齿轮	1	45			$m=2$, $z=55$
24	12.06-12	挡油环	2	Q235A			
25	GB/T276	轴承 204	2				
26	12.06-13	透盖	1	HT200			
27		密封圈	1	毛毡			
28	12.06-14	调整环	1	Q235A			
29	GB/T276	轴承 206	2				
30	12.06-15	套筒	1	Q235A			
31	12.06-16	闷盖	1	HT200			
32	12.06-17	油标	1	Q235A			

标记	处数	分区	更改文件号	签名	年月日		厂 名
设计	丁一	10.5	标准化	（签名）	（年月日）	阶段标记 质量 比例	减速器
审核							
工艺		批准				共 张 第 张	12.06.00

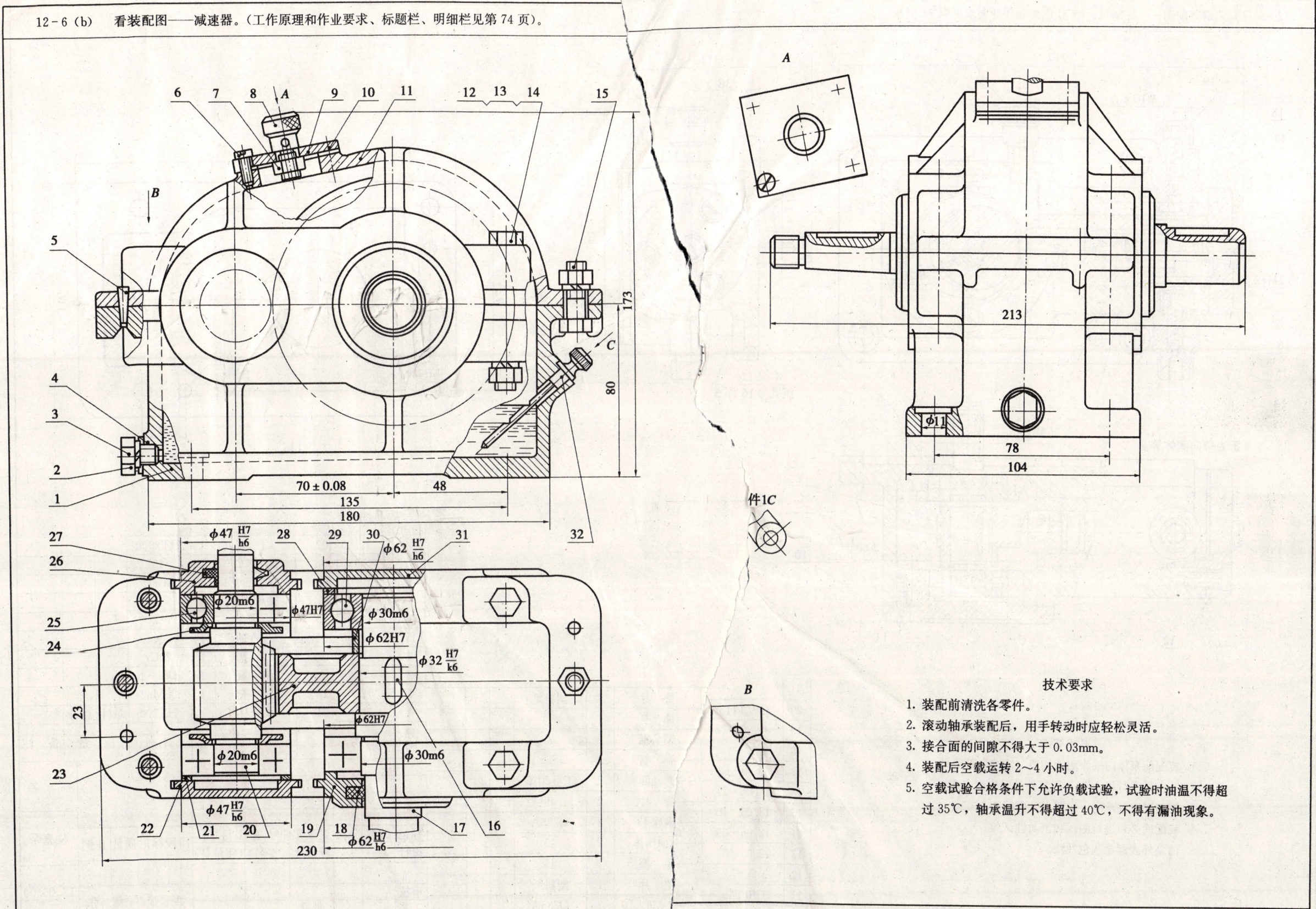

12-6（b） 看装配图——减速器。（工作原理和作业要求、标题栏、明细栏见第74页）。

技术要求

1. 装配前清洗各零件。
2. 滚动轴承装配后，用手转动时应轻松灵活。
3. 接合面的间隙不得大于 0.03mm。
4. 装配后空载运转 2～4 小时。
5. 空载试验合格条件下允许负载试验，试验时油温不得超过 35℃，轴承温升不得超过 40℃，不得有漏油现象。

12-5（b） 看装配图——柱塞泵。（工作原理和作业要求见第74页）

零件 1A

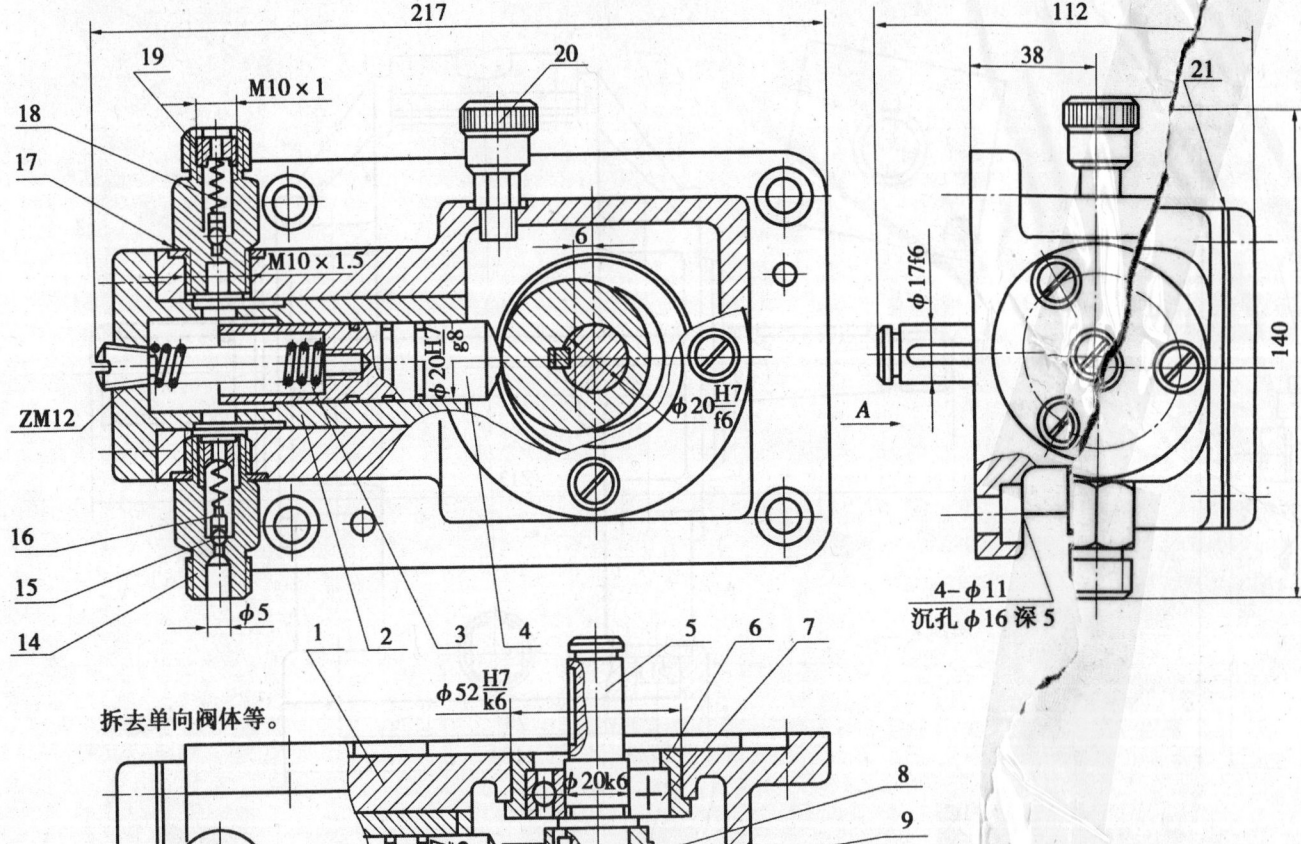

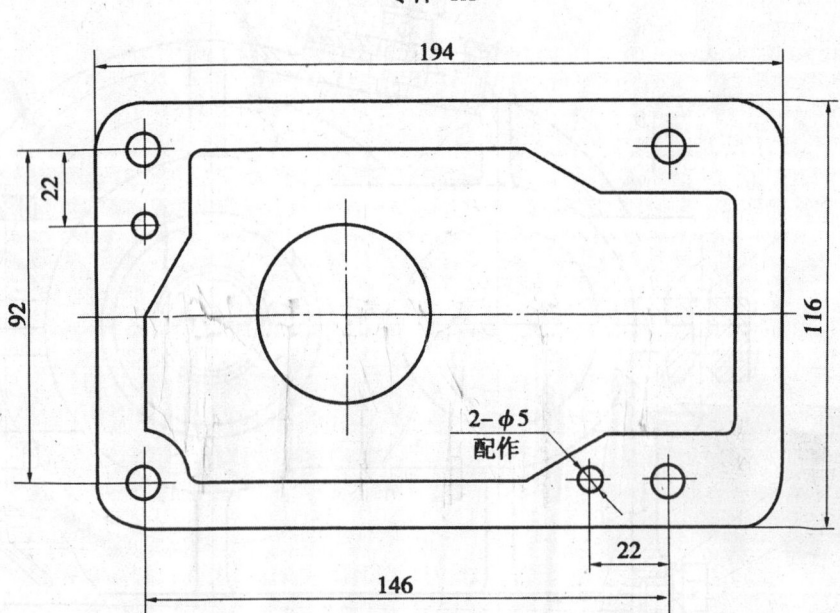

技术要求
1. 装配前泵体内壁涂耐油油漆，清洗全部零件。
2. 活塞最大行程为12，往复移动时应无卡阻。
3. 调整固定轴承时，应留出轴向间隙0.05。
4. 装配后必须进行测压和密封性试验。
5. 油泵外表面涂灰色油漆。

21		垫片	1	塑料纸	
20	GB/T1154	油杯	1		
19	12.05-12	调节塞	2	45	
18		弹簧	2	QSi-1	
17	ZB70-62	封油圈	2	工业用革	
16	12.05-11	导柱	2	45	
15	12.05-10	钢球φ5	2	Q235A	
14	12.05-09	单向阀体	2	45	
13	12.05-08	螺塞	1	45	
12		垫片	1	塑料纸	
11	GB/T65	螺钉 M6×16	7	Q235A	
10	12.05-07	端盖	1	HT2000	
9	GB/T1096	键 6×22	1	45	
8	12.05-06	偏心凸轮	1	GCr15	
7	GB/T276	轴承 204	2		
6	12.05-05	轴承座	1	HT200	
5	12.05-04	凸轮轴	1	40Cr	
4	12.05-03	柱塞	1	20Cr	
3		弹簧	1	QSi-1	
2	12.05-12	缸套	1	20Mn2	
1	12.05-01	泵体	1	HT200	单件 总计
序号	代号	名称	数量	材料	质量 备注

厂名

柱塞泵

12.05.00

第 13 章 零部件测绘

13-1 试述零部件测绘的步骤和方法。

13-2 选取由 15 个左右的零件（包括标准件）组成的部件进行测绘，画出全部草图（标准件不画，只记下规定标记），再画出装配图。

1. 草图可用坐标纸画，如熟练掌握草图画法后，也可用白纸画。
2. 装配图用绘图纸画出。
3. 测绘中的注意事项及要求见教材第 13 章。

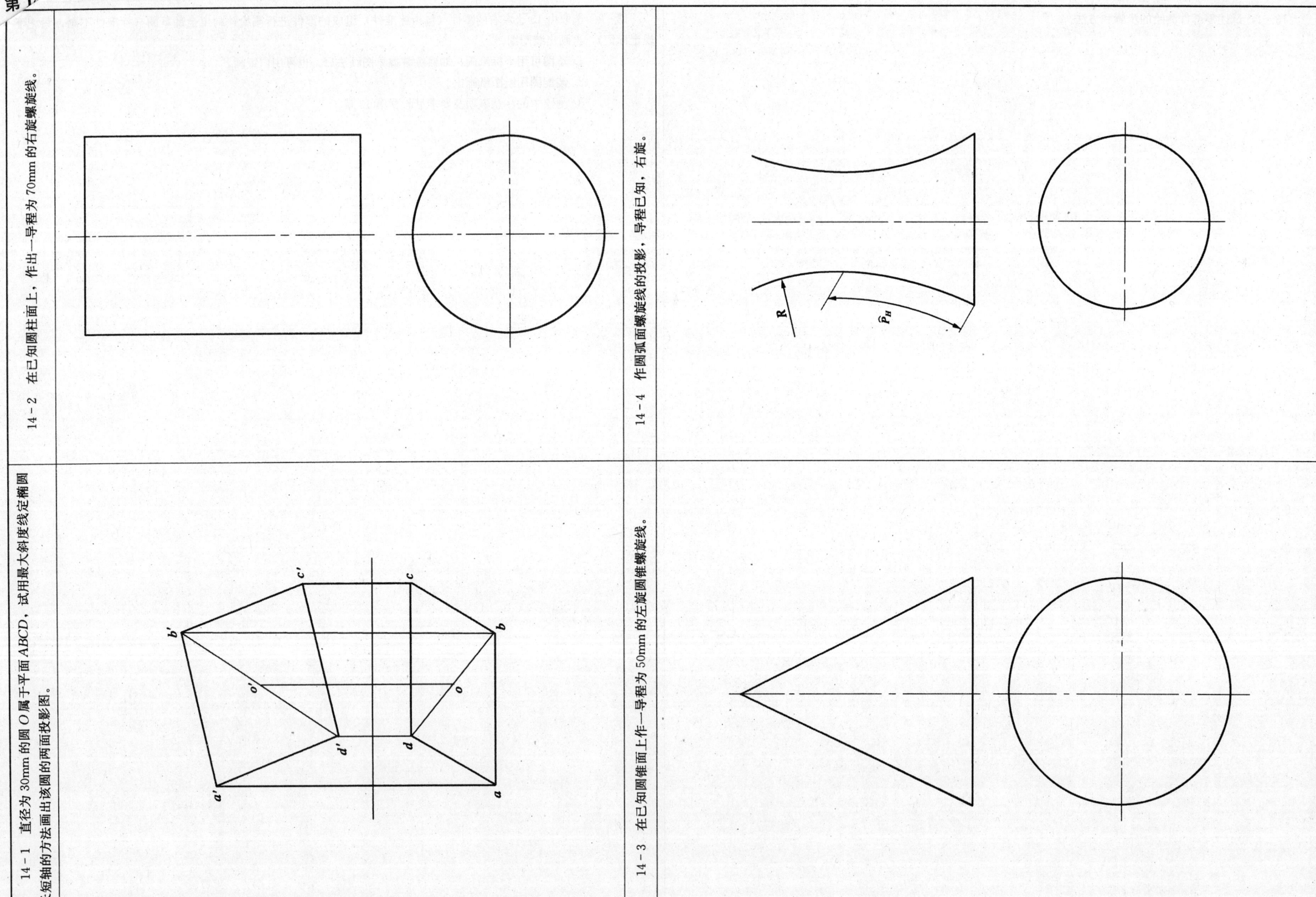

14-5 已知单叶双曲回转面的母线 AB 及轴线 OO，试作出一系列母线的包络线以完成其投影图

14-6 试画出由矩形 ABCD 绕轴 OO 旋转所形成的螺旋体的一个导程的投影图（导程为 40mm，左旋，虚线不画出）。

14-7 已知斜椭圆柱面上的素线 AB 及底圆的投影，试完成其两面投影。

14-8 已知斜椭圆锥的顶点 A 及底圆的投影，试完成其两面投影。

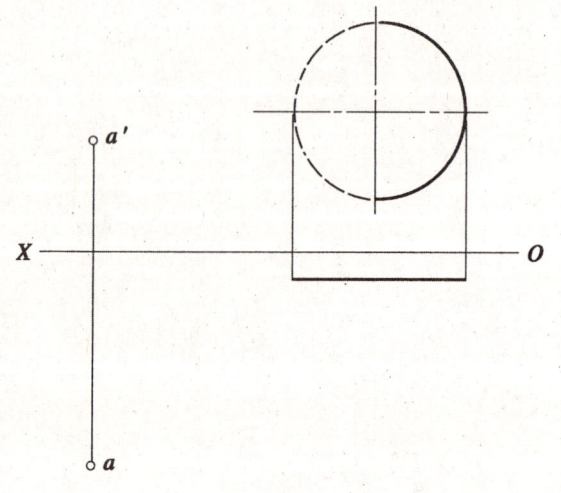

14-9 平面 ABC 与圆柱两面相切，完成其 H 投影

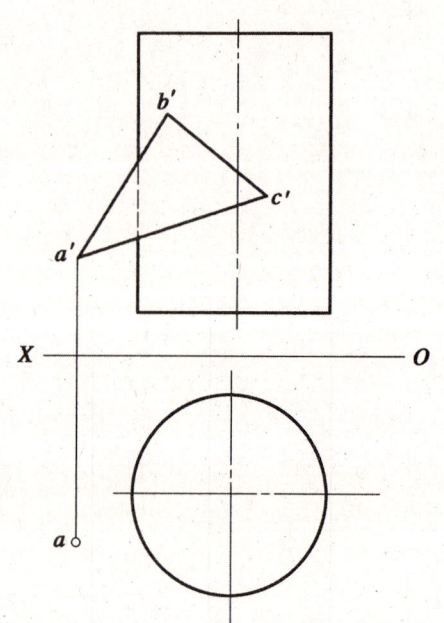

14-10 试作一平面与球面相切，且垂直于直线 AB。

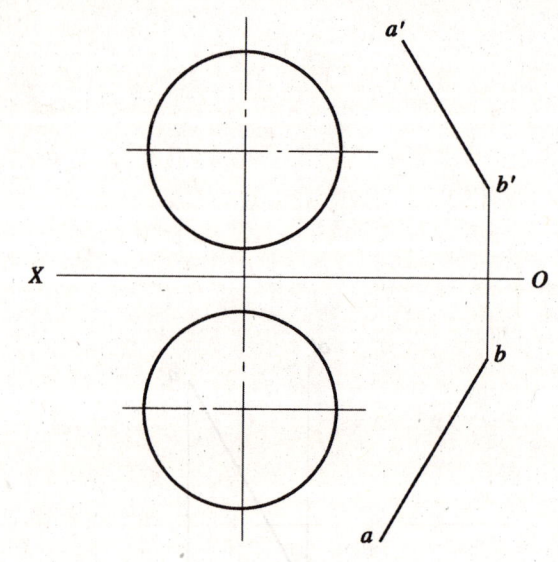

14-11 作平面与锥面相切，且平行于直线 AB。

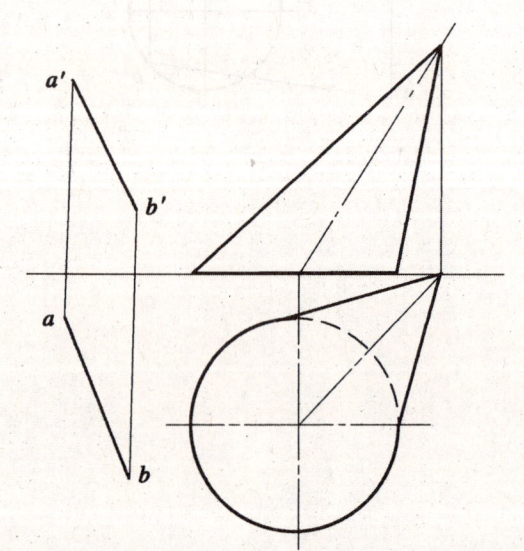

14-12 直线 AB 与圆锥相切，完成该直线的 H 投影。

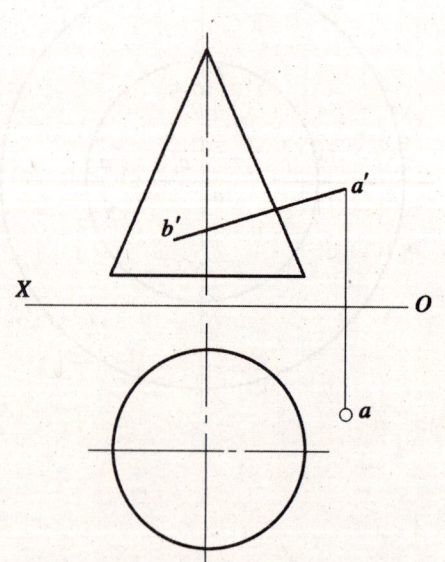

14-13 试过锥面上一点 A 作一直线与锥面相切，且与 H 面成 30°的倾角。

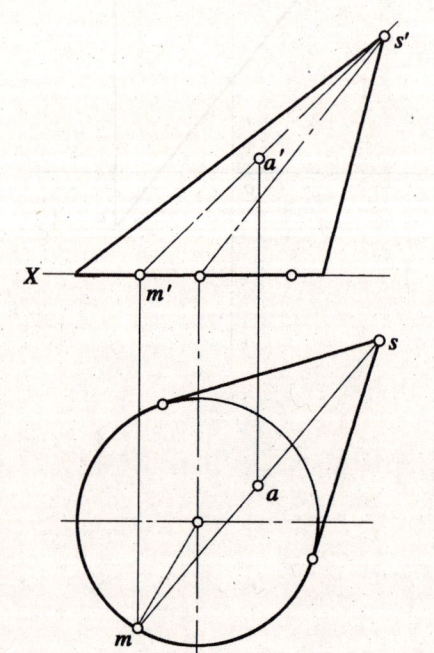

第15章 图解法

15-1 求直线与平面的夹角。

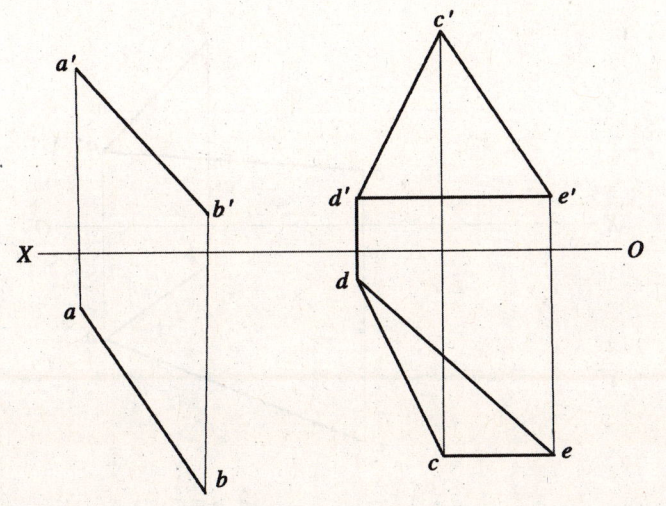

15-2 试作一等腰三角形，底边与直线 L 平行，底的两端分别位于交叉直线 M，N 上，顶点位于 X 轴上。

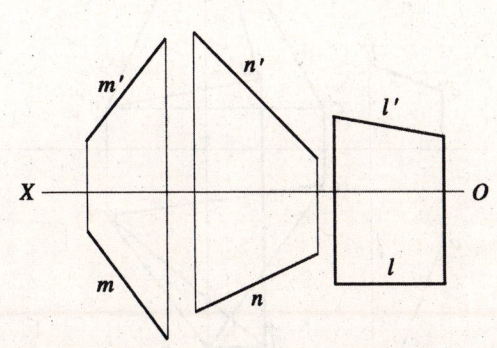

15-3 试作一平面 P∥△ABC，且使它与△ABC 及与点 M 等距。

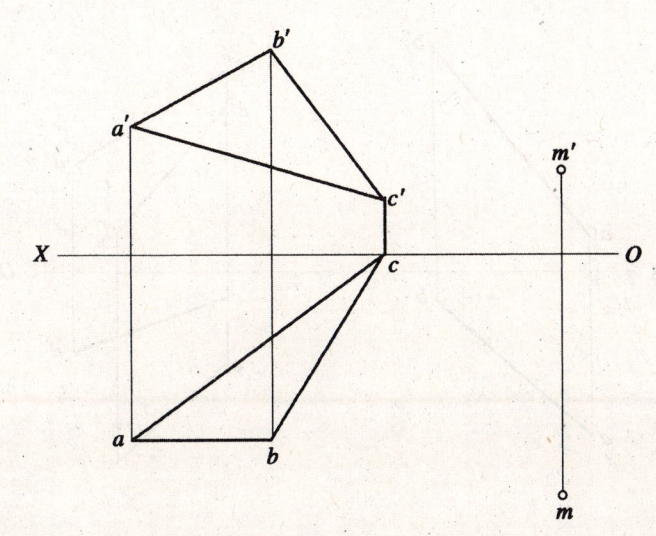

15-4 求作一矩形 ABCD，使顶点 A，B，C 分别在直线 M，N，L 上，并使 AB∥EF。

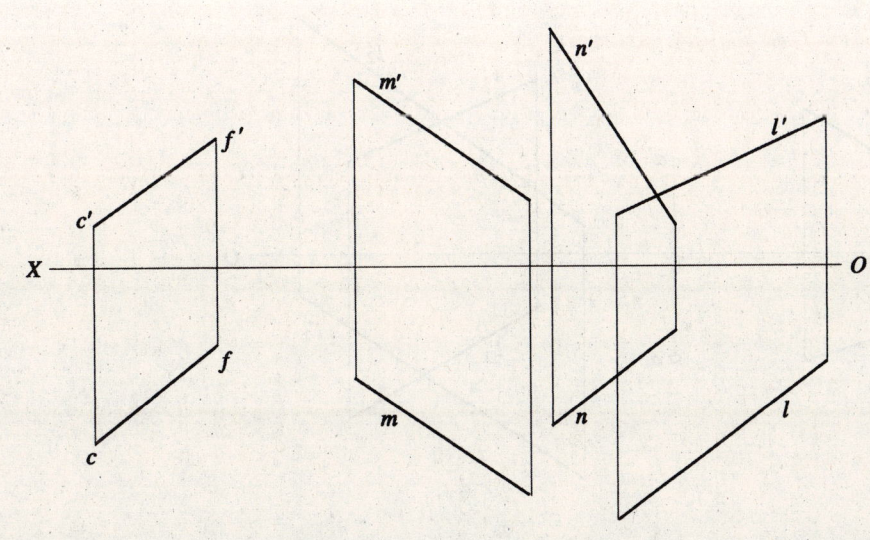

15-5 过点 A 作直线 AB，使其垂直于 L_3，并平行于由平行线 L_1，L_2 确定的平面。

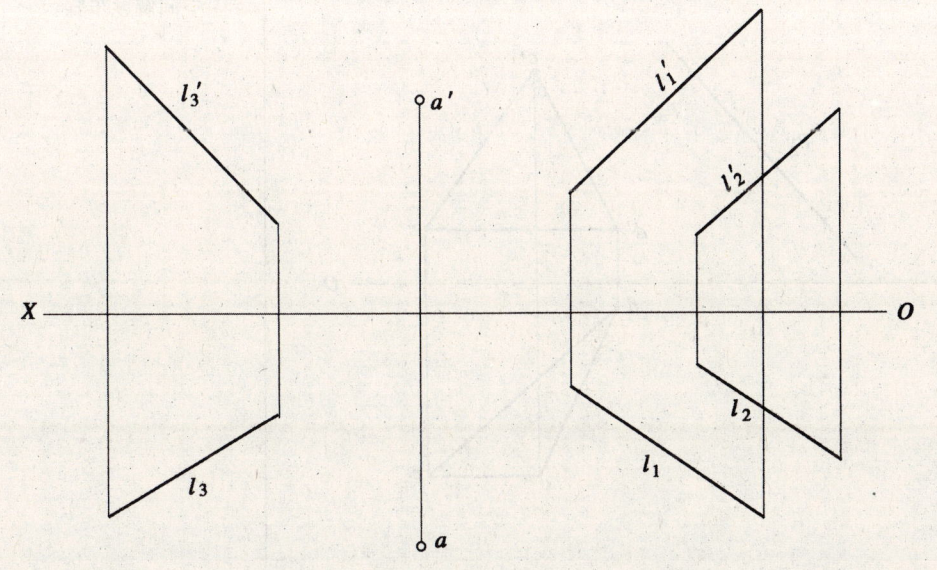

15-6 试作一平面与三交叉直线成相等倾角。

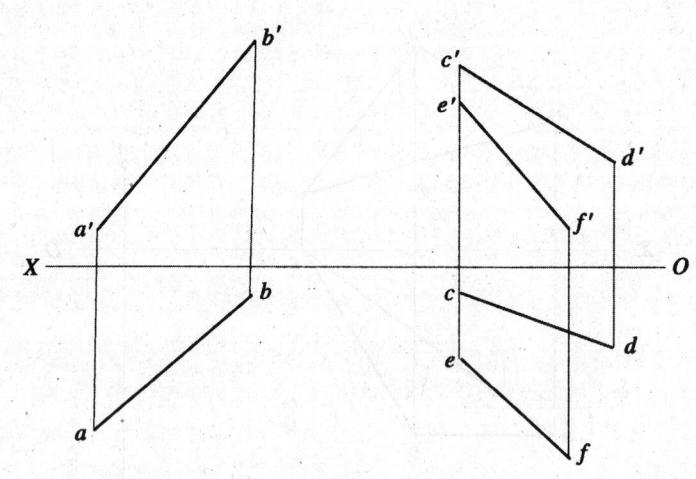

15-7 在直线 AB 上找一点 K，使它与△MNC 及△MND 等距。

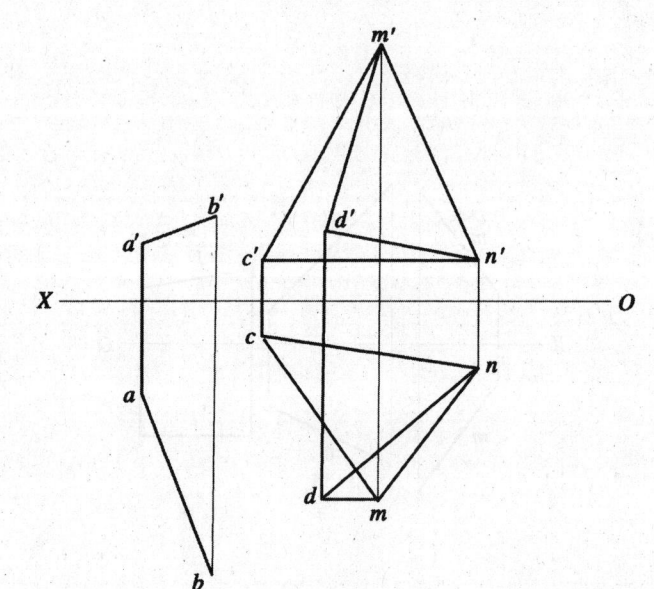

15-8 求与 AB，AC 两直线等距的点的轨迹。

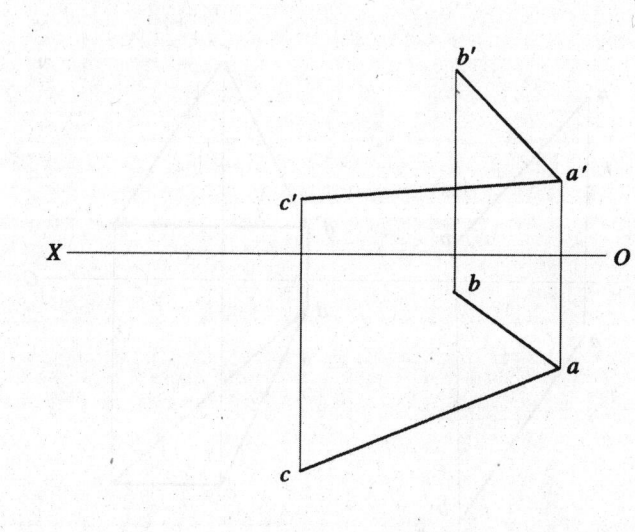

15-9 求两平面的夹角。

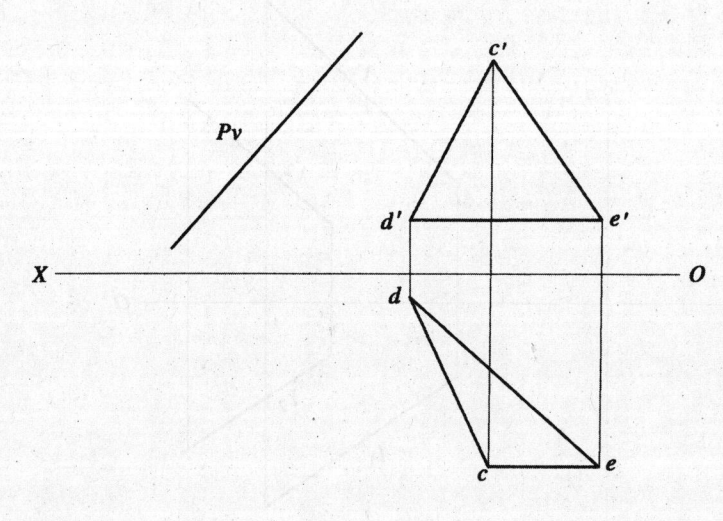

15-10 过点 A 作一平面与 L_1 平行，并使直线 L_2，L_3 在该平面上的正投影相互平行。

空间解题步骤：

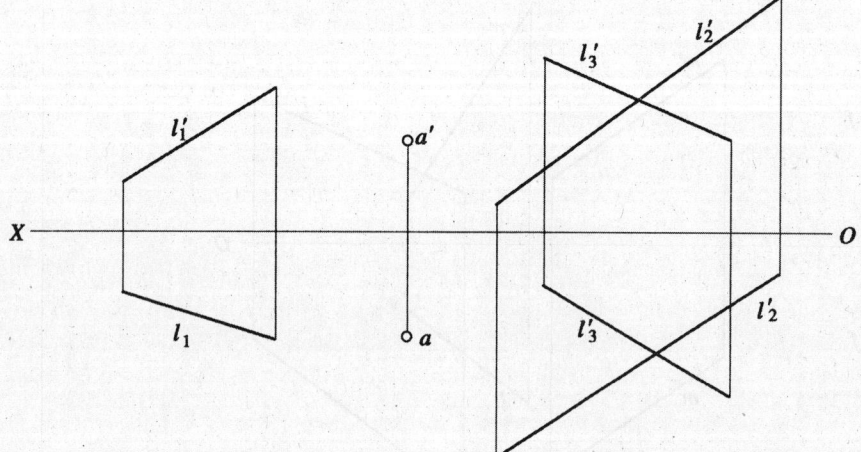

班级_____ 学号_____ 姓名_____

15-11 求 AB 的实际长及对 H、V 面的倾角 α，β。	15-12 已知 AB 对 H 面的倾角 α 为 30°，求 AB 的实长及 V 面投影 a'b'（只作一解）。	15-13 已知平行四边形 ABCD 对 H 面的倾角 α 为 45°，求 V 面投影。	15-14 求点 K 到 AB 的距离及其投影。
15-15 求平行二直线 AB 和 CD 间的距离。	15-16 已知交叉二直线间距离为 10mm，求 AB 的正面投影 a'b'（作一解）。	15-17 求 D 点到 △ABC 的距离。	15-18 求 △ABC 平面对 V 面的倾角和实形。

83

15-19 已知△ABC与△ABD的夹角为60°，求△ABD的V投影（只作一解，并判别可见性）。	15-20 完成矩形ABCD的两面投影。	15-21 用绕垂直轴旋转法求AB的实长及α角。	15-22 已知AB对V面的倾角β=45°，用绕垂直轴旋转法求AB的水平投影AB。（作一解）
15-23 用旋转法求△ABC对V面的倾角β及实形。	15-24 过点K作一直线，使其与H面成30°角，且与△ABC平行。	15-25 将点K绕OO轴旋转到ABCD平面内。	15-26 已知K点距△ABC平面为12mm，试用绕垂直轴旋转法求作点K的正面投影。

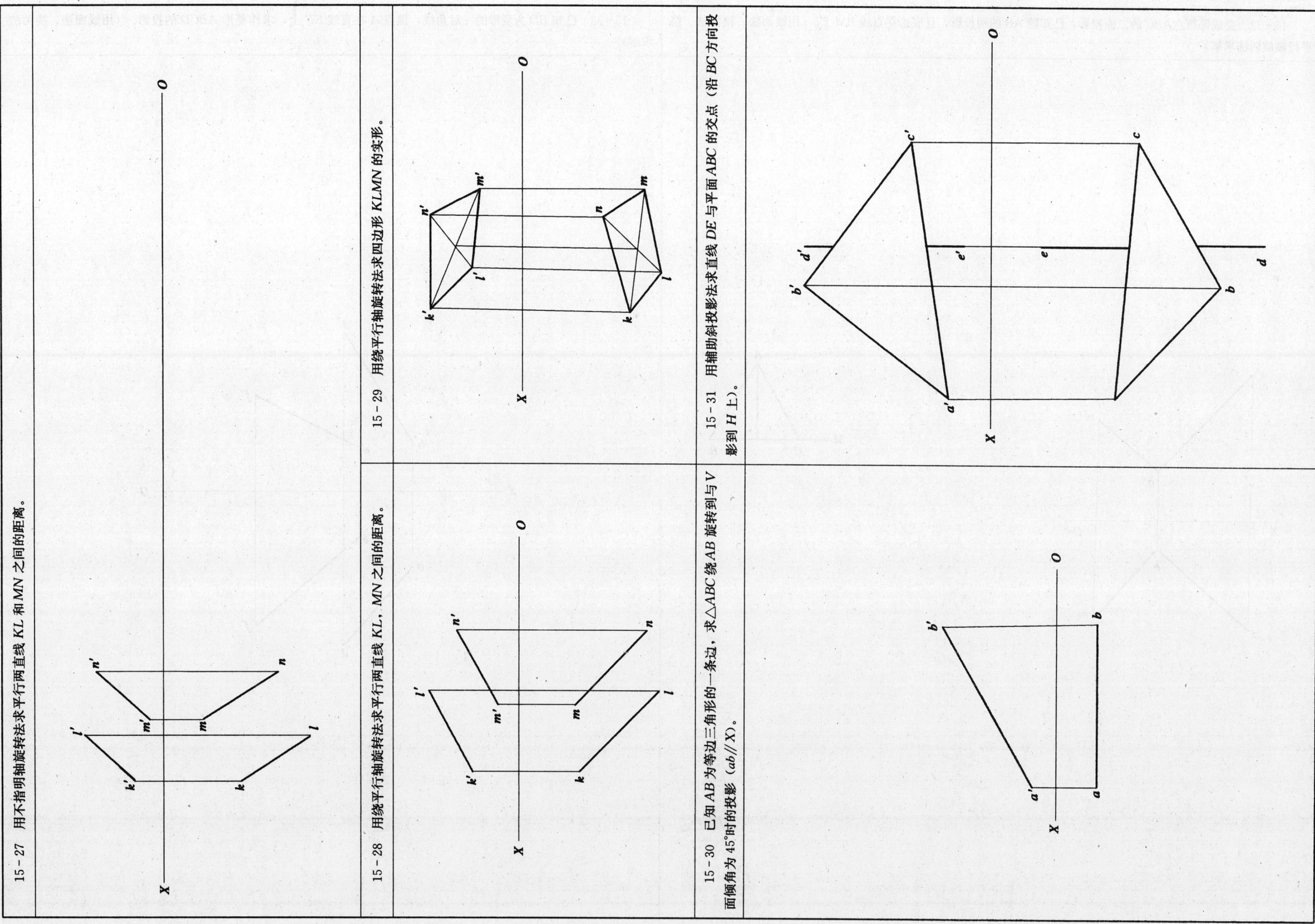

15-32 完成等腰△ABC的二面投影,已知腰AB的两投影,且底边在直线BM上。(用线面法、换面法、绕平行轴旋转法求解)

15-33 已知BD为菱形的一对角线,顶点A在直线EF上,求作菱形ABCD的投影。(用线面法、换面法求解)

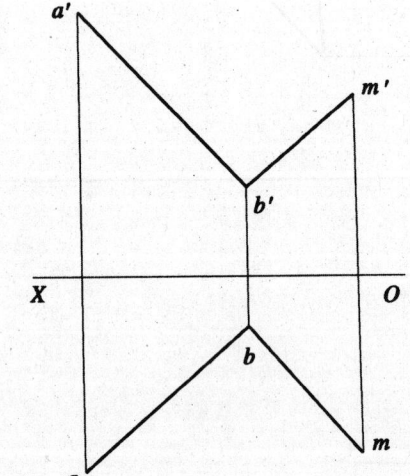

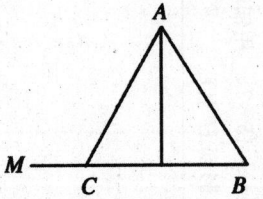

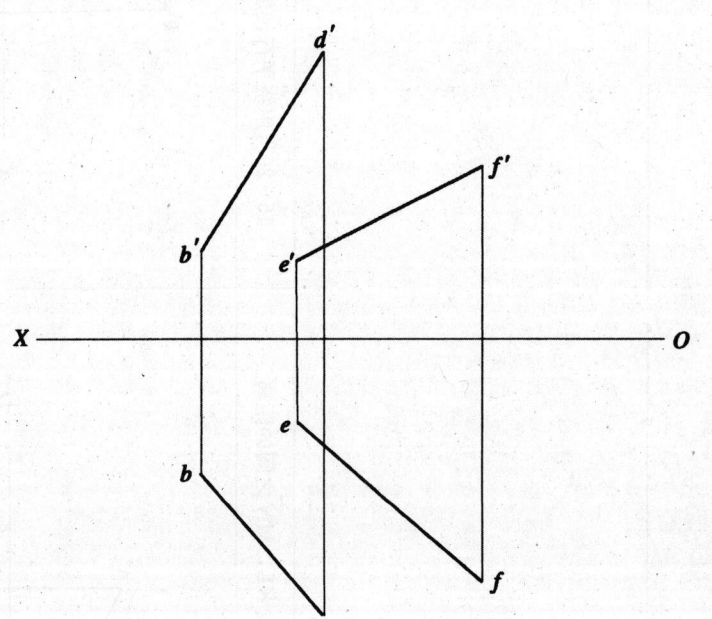

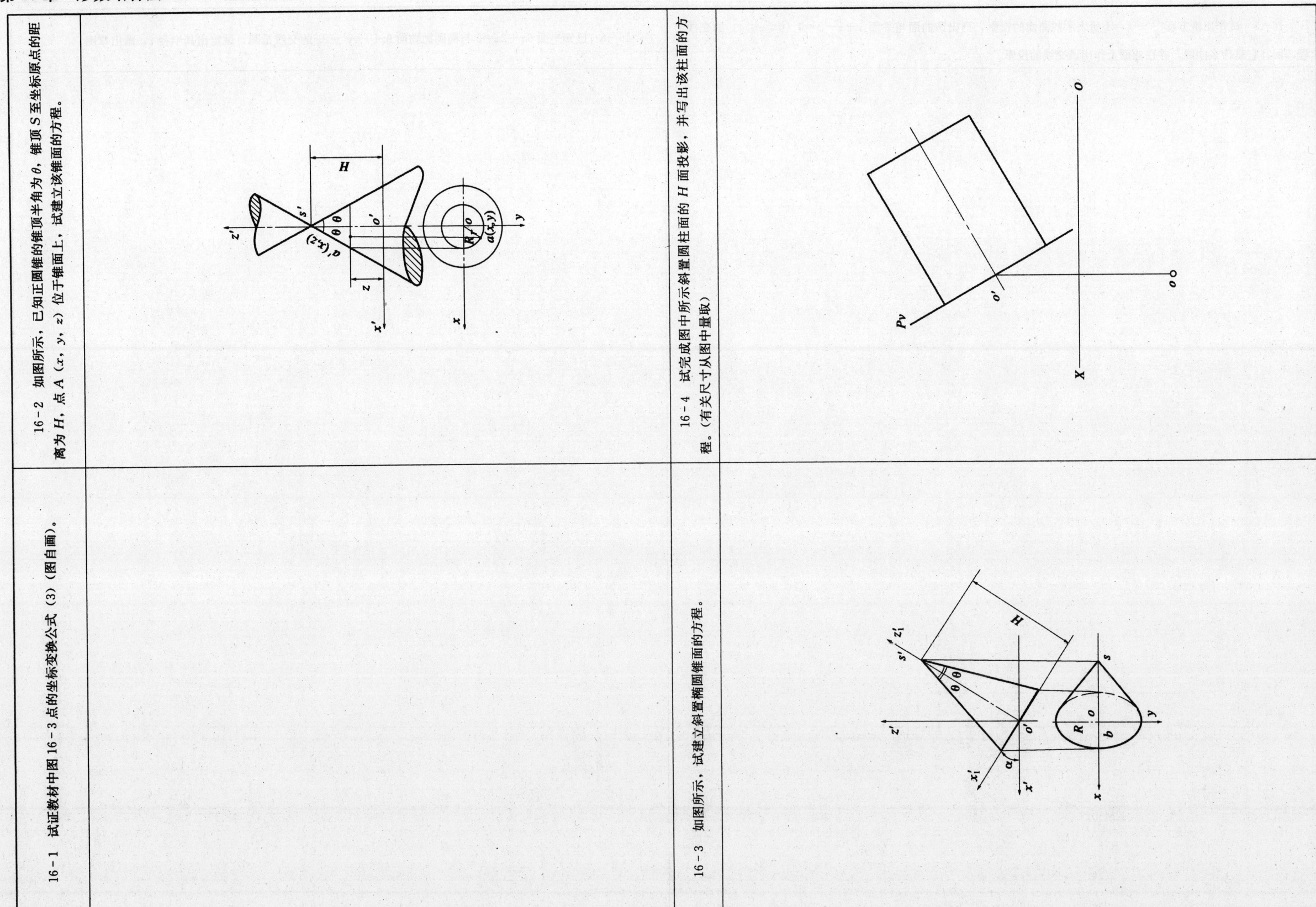

16-5 试作出由方程 $\dfrac{x^2}{4}+y^2=1$ 所表示的曲面的投影，列出该曲面与平面 $x+z-2=0$ ($0\leqslant z\leqslant 4$) 的交线方程，回答它是什么曲线，并在曲面上作出该交线的投影。

16-6 已知平面 $6x+2z=5$ 与椭圆抛物面 $9x^2+4y^2=8z$ 的交线是圆，试定出其半径 r，画出草图。

16-7 如图所示，正圆锥与球面相交，试求其交线的 H, V 面的投影曲线方程。（尺寸由图中量取）

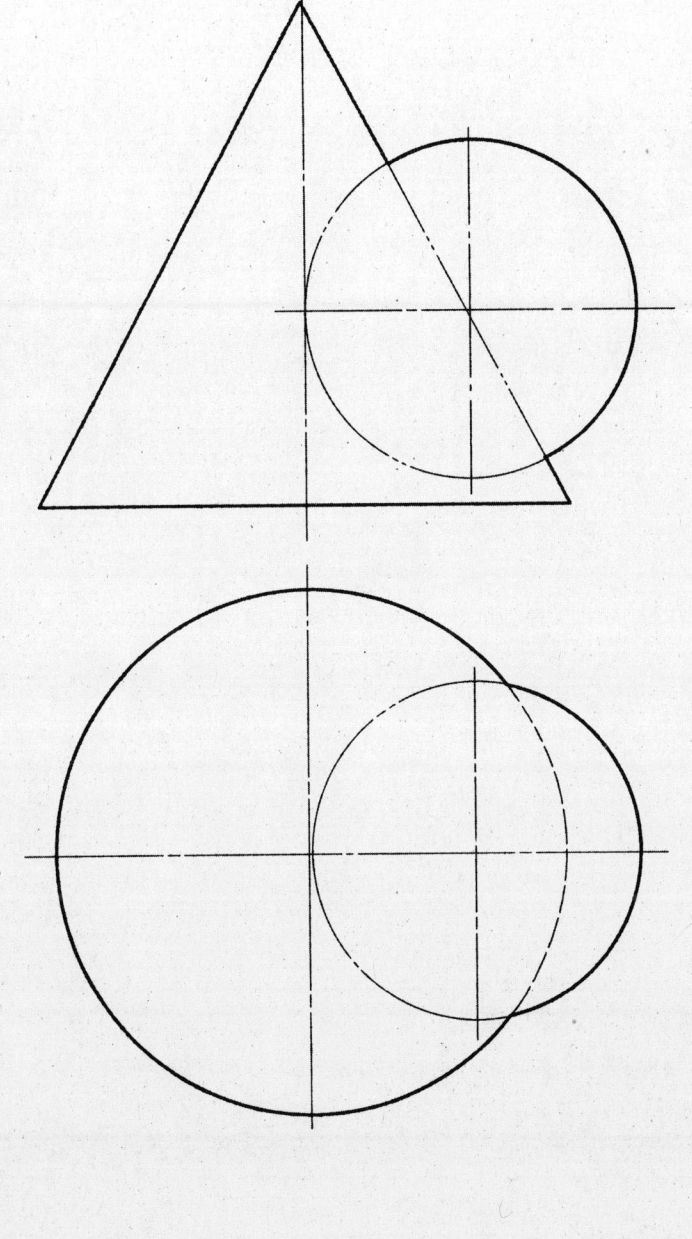

16-8 列出两曲面的方程，用解析法（结式法）求出交线的投影方程，并用斜投影法求出其投影。（有关尺寸数值从图中量取，并取整数）

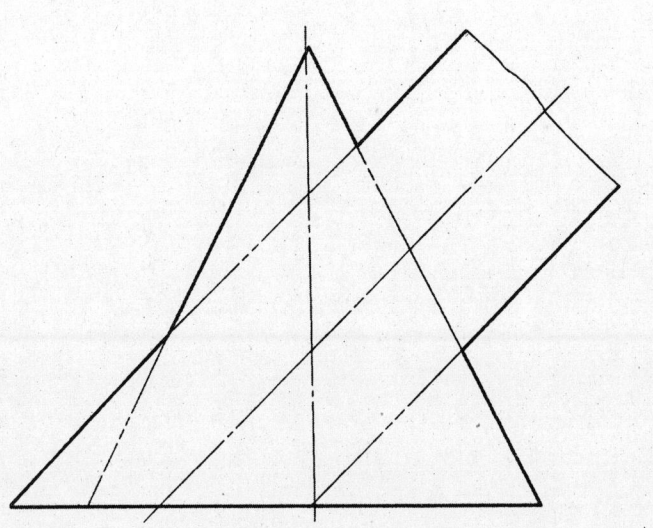

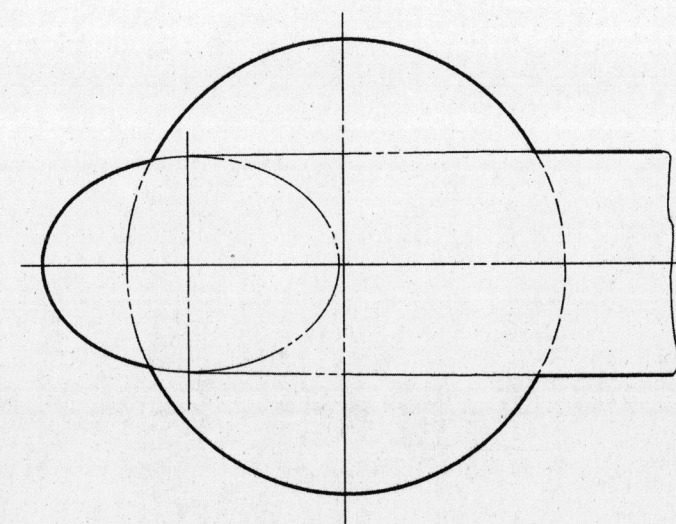

第17章 构形设计

17-1 已知2010年世界博览会在中国上海举行,试为该会设计一会徽。

要求:1. 利用点、线、形构成一图案。
2. 突出博览会的性质。
3. 突出在中国上海举行。

17-2 试为某大学机械(或机电)工程学院设计一枚徽章。

班级＿＿＿＿学号＿＿＿＿姓名＿＿＿＿

17-3 根据已知的一个视图，构形设计出不同形状的组合体，并补画出另两个视图。

(1) 已知主视图				
(2) 已知俯视图				
(3) 已知主视图				

91

17-4 试根据给定的俯视图，构形设计新物体，并补画出另两个视图，画出其轴测草图。（数量自定）

17-5 试根据给定的主、俯视图，构形设计出不同的物体，徒手补画左视图，并画出其轴测草图。（数量自定）

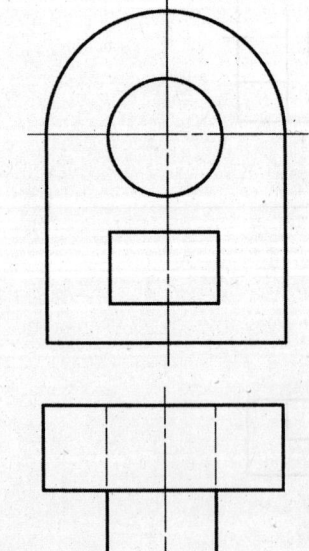

班级_____ 学号_____ 姓名_____

17-6 试设计一个平面立体，使其具有与投影面处于各不相同的相对位置的七个表面，画出其三视图。

17-7 用若干个基本形体构形设计出一台照相机模型，试画出其轴测草图及三视图。（尺寸由自己定，比例要协调）

第18章 展开图、焊接图

18-1 画出四棱柱（管子）表面的展开图。

18-2 画出正圆锥管的展开图。

18-3 画出正交三通管的展开图。

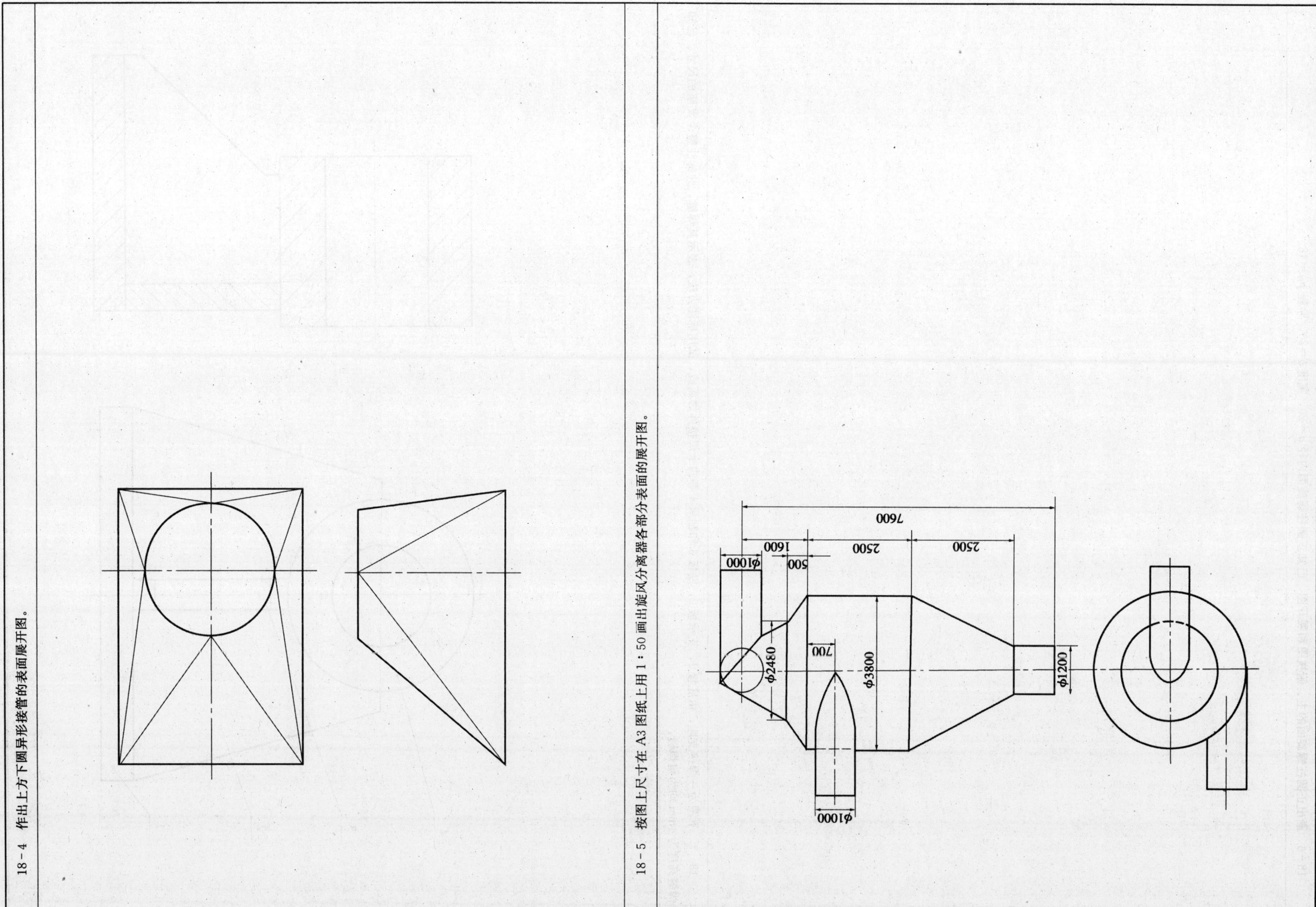

18-6 画出正圆柱螺旋面的主、俯视图和展开图。已知正圆柱螺旋面内径 $d=20$，宽度 $b=20$，导程 $p_H=48$。

18-7 下图为一焊接支座，由底板1、支承板2、肋板3和轴承4等四个焊接件焊接而成，试用标注方法，表示其焊缝，并标注整个支座的尺寸。已知焊缝高度为4mm均为角焊缝。

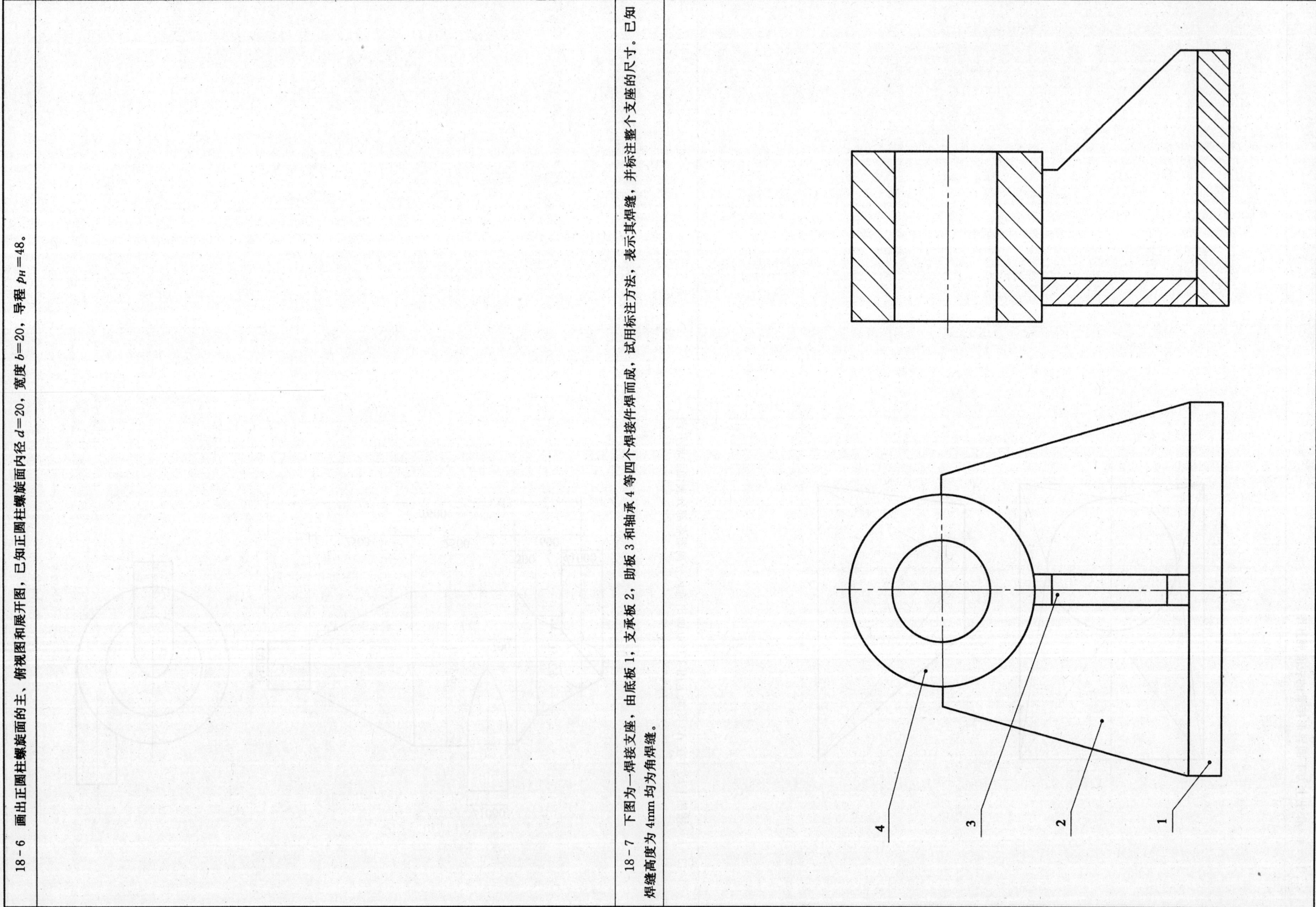

第19章 房屋建筑图

19-1 读懂房屋建筑图，并补画2-2剖面图。

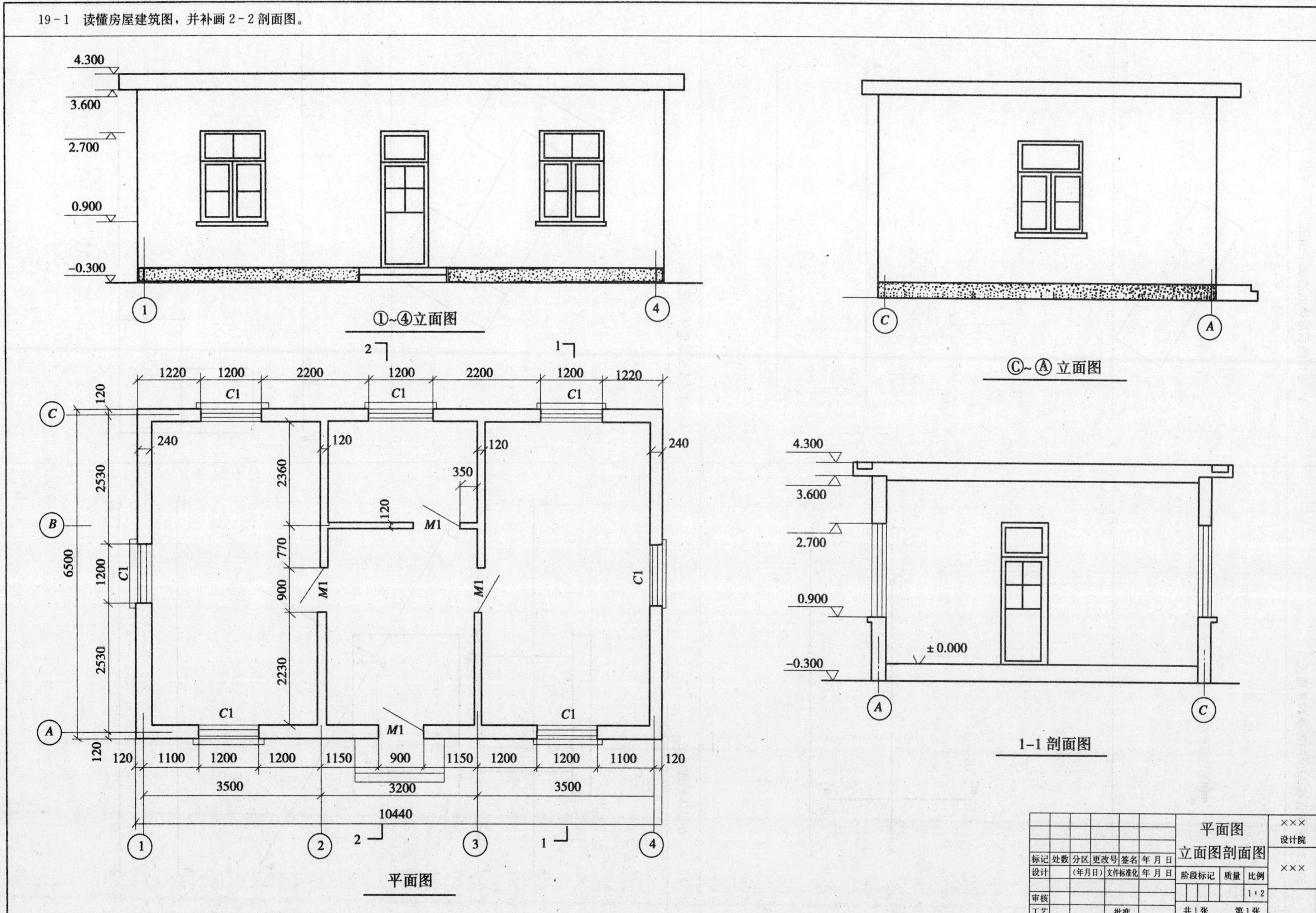

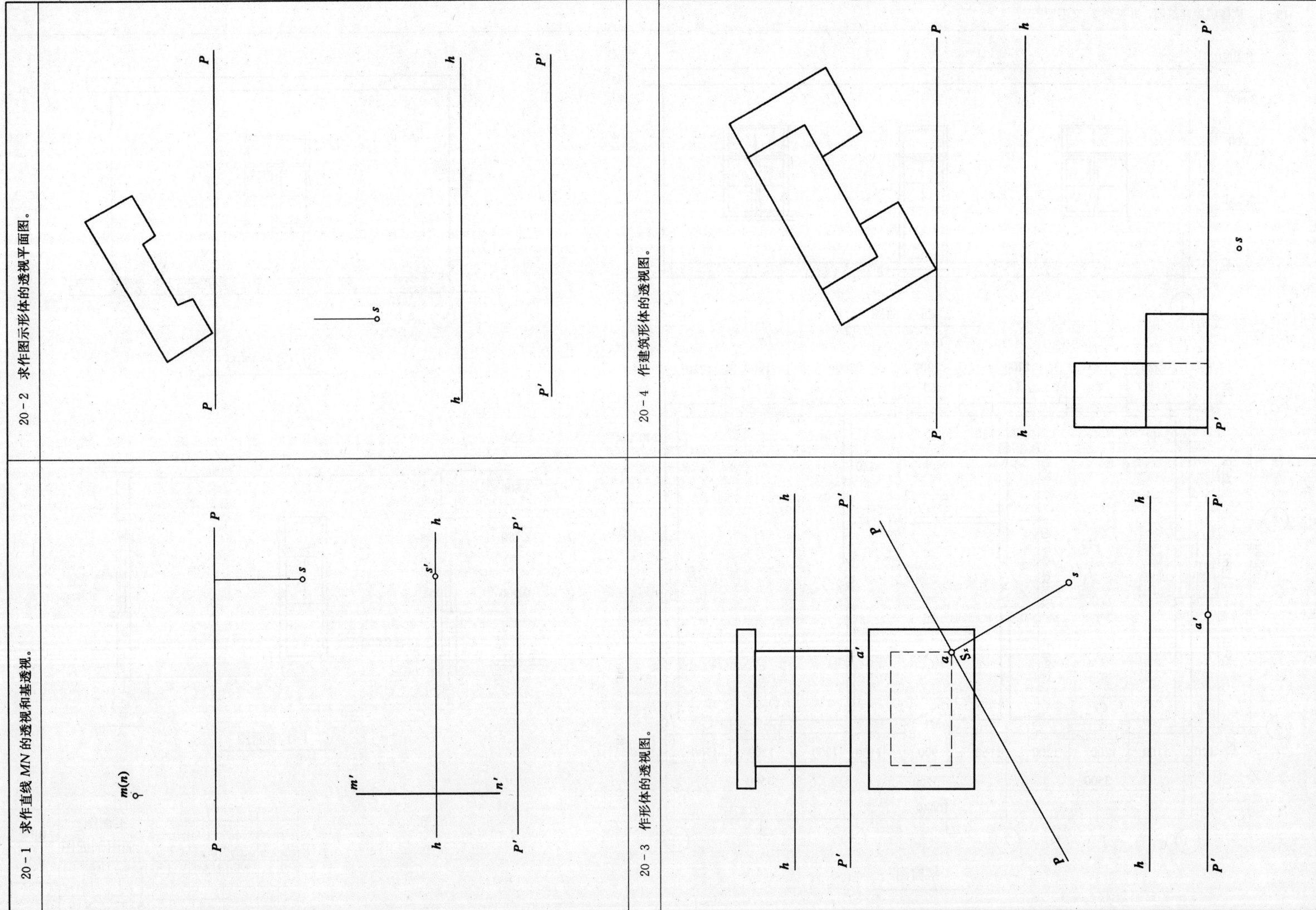

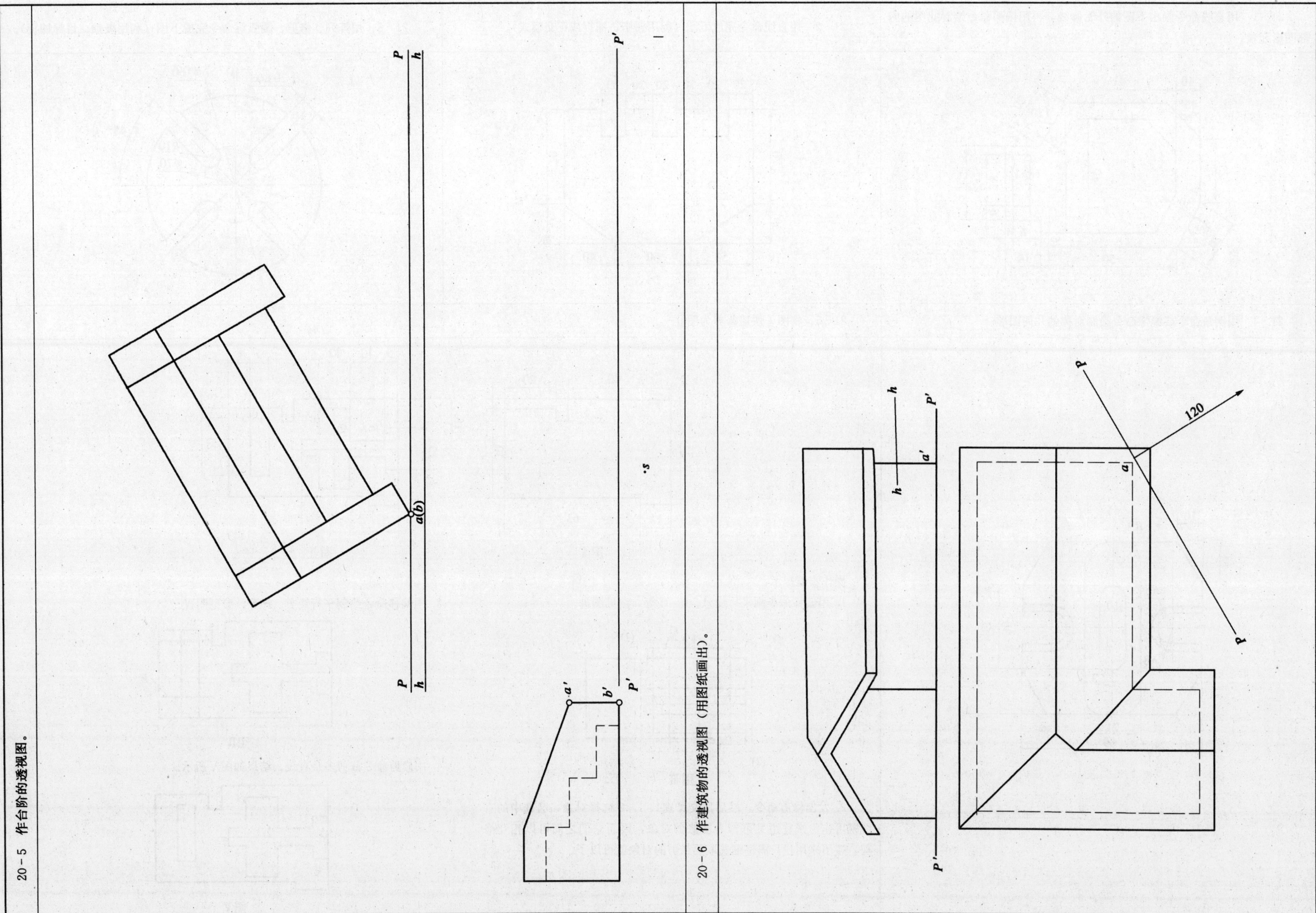

第 21 章 计算机绘图

21-1 用直线命令画出下图的外轮廓线，再用偏移命令绘制此图的内部图形元素。

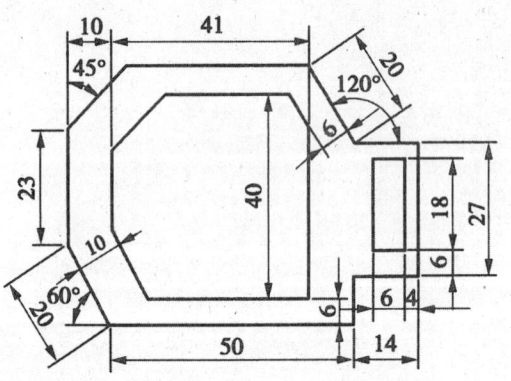

21-2 用直线命令完成下图（利用栅格、捕捉或正交模式）。

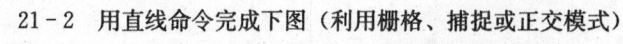

21-3 用阵列、修剪、画弧等命令完成下图（利用极轴、目标捕捉）。

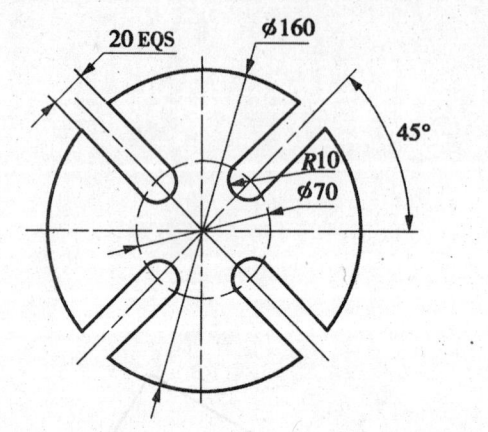

21-4 用倒角命令或镜像命令绘制对称的几何图形。

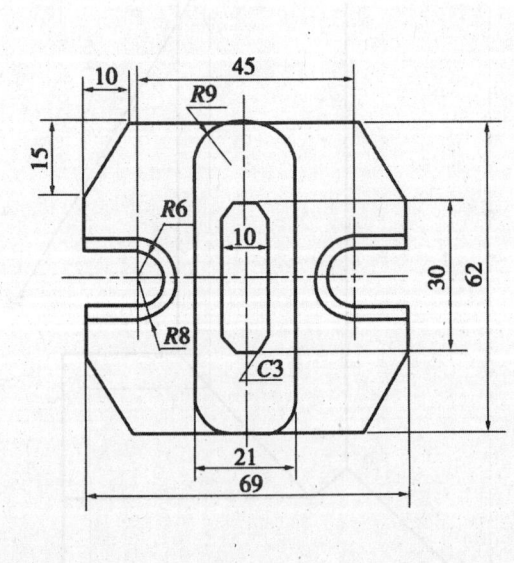

21-5 将图Ⅰ快速修剪为图Ⅱ

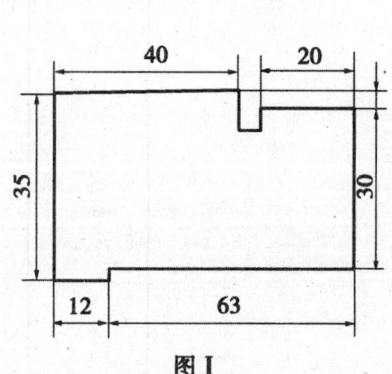
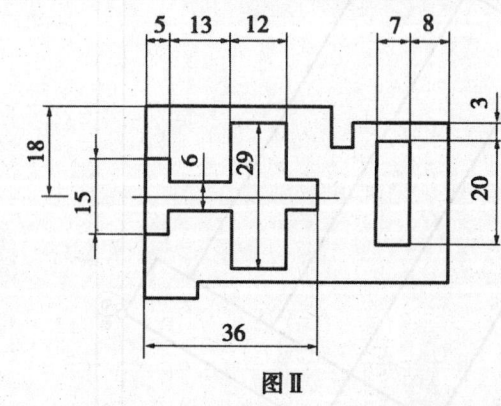

图Ⅰ　　　图Ⅱ

操作步骤提示：

1. 用偏移命令画平行线 A、B、C 等，参见图Ⅲ。

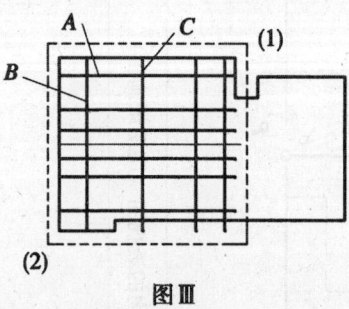

图Ⅲ

2. 发出修剪命令，然后用交叉窗口 1-2 选择对象，已选中的直线既可作为修剪边又可作为被修剪对象，因而它们之间可以相互修剪，接下来用户只需仔细选取要裁剪的对象就可以了。

3. 用偏移命令绘制平行线 E、F 等，参见图Ⅳ。

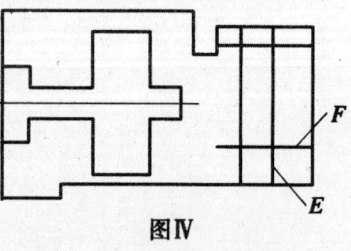

图Ⅳ

4. 用修剪命令裁剪多余直线，结果如图Ⅴ所示。

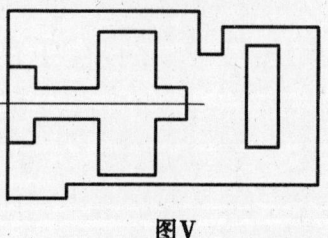

图Ⅴ

21-6 利用旋转命令及镜像命令绘制图Ⅰ。

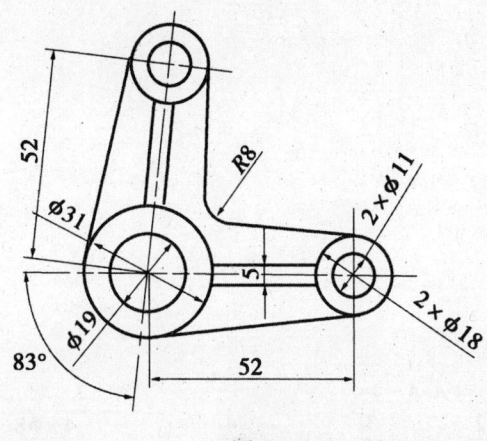

图Ⅰ

操作步骤提示：

(1) 首先画出图Ⅱ所示的图形。

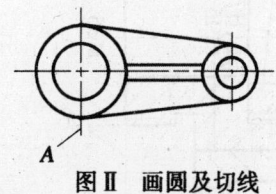

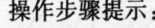

图Ⅱ 画圆及切线

(2) 对图的右侧部分进行镜像操作，镜像线是直线A，结果如图Ⅲ所示。

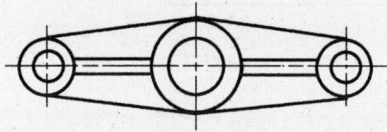

图Ⅲ 镜像

(3) 对图Ⅲ的左半部分进行旋转，然后倒圆角，结果如图Ⅳ所示。

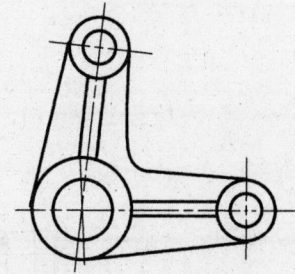

图Ⅳ 旋转与倒圆角

21-7 用计算机绘制下面图形。

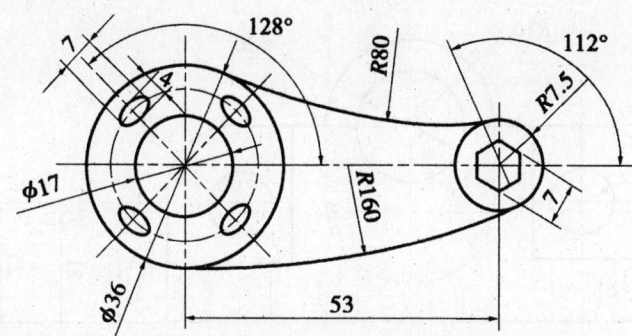

参考操作步骤：

(1) 单击 New 按钮，单击 OK，打开一张新图（单位：公制，图幅：420×297）。
(2) 画中心线：Line→15,150→150,150→回车。Line→65,200→65,100→回车。
    偏移：Offset→53→选择垂直线→右侧单击。
(3) 画三个圆：Circle→选择左中心→d→17→回车。选择左中心→d→36→回车。Circle→选择右中心→7.5→回车。
(4) 画两个切圆，下拉菜单 Draw→Circle→Tan,Tan,Radius→打开切点捕捉→选取两个圆的切点→选取两个圆的切点→R80→重复操作→R160。
(5) 修剪多余的圆弧部分。
(6) 绘制正多边形：Polygon→6→指定中心→I→7→回车。
(7) 旋转正多边形：Rotate→选取六边形→指定旋转中心→112→回车。
(8) 画辅助线：Line→打开中心捕捉和端点捕捉→选择左中心→@20<128→回车。
(9) 画椭圆：下拉菜单 Draw→Ellipse→C→3.5→2→回车。
(10) 阵列操作：下拉菜单 Array→选取椭圆→P→指定中心→4→回车→回车。

21-8 用计算机绘制下面图形。

21-9 用计算机绘制夹线体装配图。

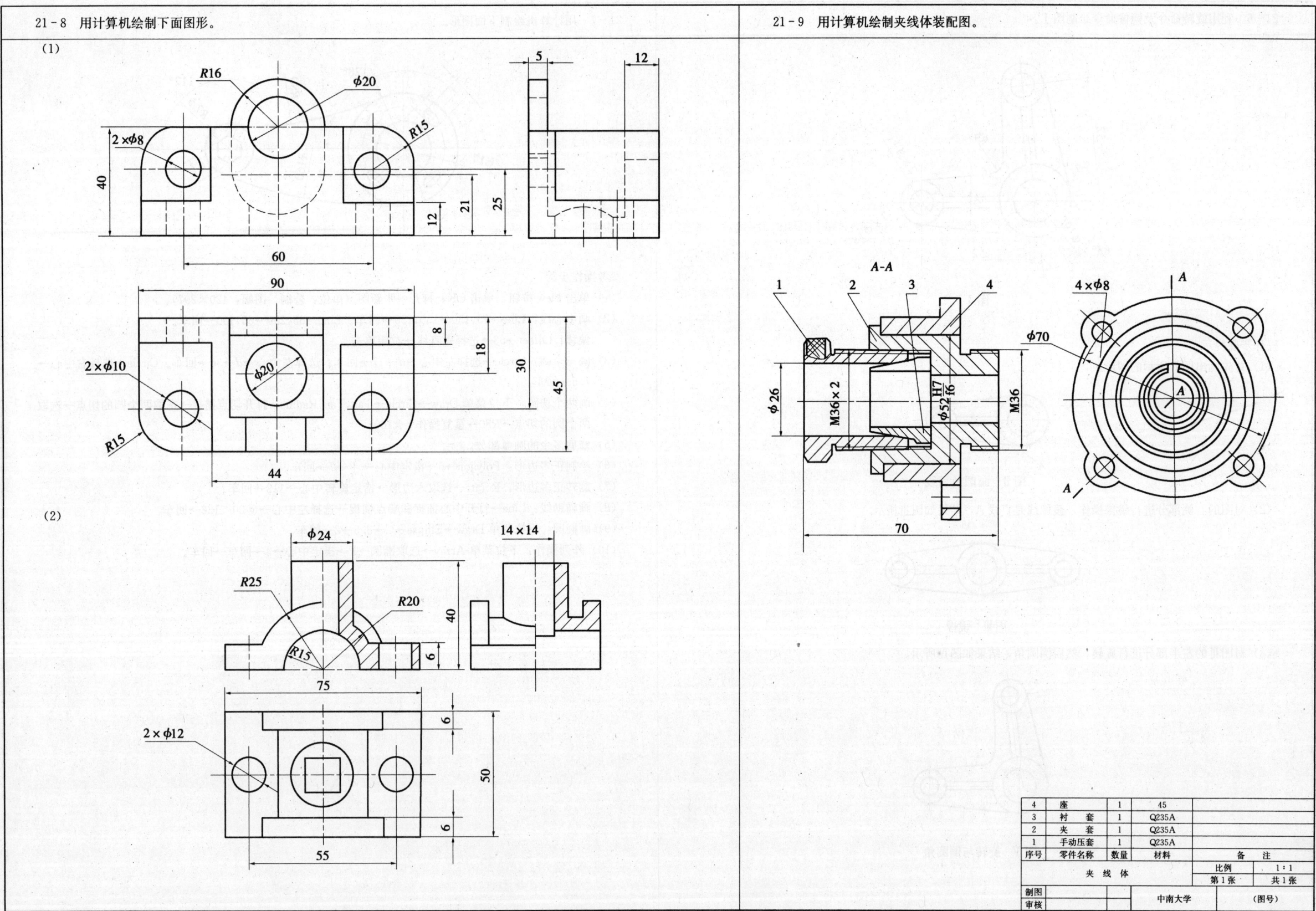